曲家琰 ◎ 著

做一个有修养
会保养的
魅力女人

北方联合出版传媒（集团）股份有限公司
万卷出版公司

图书在版编目（CIP）数据

做一个有修养　会保养的魅力女人／曲家琰著．——
沈阳：万卷出版公司，2021.11
ISBN 978-7-5470-5717-9

Ⅰ．①做… Ⅱ．①曲… Ⅲ．①女性－修养－通俗读物
Ⅳ．① B825.5-49

中国版本图书馆 CIP 数据核字 (2021) 第 171218 号

出 品 人：王维良
出版发行：北方联合出版传媒（集团）股份有限公司
　　　　　万卷出版公司
　　　　　（地址：沈阳市和平区十一纬路 25 号　邮编：110003）
印 刷 者：永清县晔盛亚胶印有限公司
经 销 者：全国新书华店
幅面尺寸：145mm×210mm
字　　数：120 千字
印　　张：7
出版时间：2021 年 11 月第 1 版
印刷时间：2021 年 11 月第 1 次印刷
责任编辑：范　娇
责任校对：张兰华
ISBN 978-7-5470-5717-9
定　　价：38.00 元
联系电话：024-23284442

常年法律顾问：王　伟　版权所有　侵权必究　举报电话：024-23284090
如有印装质量问题，请与印刷厂联系。联系电话：13683640646

前　言

　　魅力是什么？魅力是女人的综合指数，是从女人的身体内部和心灵深处自然涌动、喷发、流露出来的一种气韵，是一种通过后天的努力与修炼达成的美，它不仅不会随年岁的改变而消失，反而会在岁月的打磨之中日臻香醇久远，散发出与生命同在的永恒气息。

　　很多女人认为，魅力就是把自己打扮得漂亮一些，让男人如蜜蜂采花一样喜欢。然而，女人仅仅靠外表的包装是不行的，还必须加上内在的修养。

　　一个有魅力的女人，应该是内外兼修的。"内"要修炼其心：体现在对工作、学习、生活的态度上，其核心是谦逊。一个有修养的女人，不管在工作或是生活上，都时刻保持虚心，因为她们知道，山外有山，人外有人，学海无涯，不管什么时候都应该虚心向上；体现在兴趣爱好上，她们热爱生活，有着自己独特的爱好，譬如阅读、音乐、写作、绘画、摄影等，并且能够坚持自己的爱好；体现在对自己的定位上，她们对自己有明确的定位，知道自己需要什么，适合什么，应该去做什么，她们对自己有合理的规划，生活从来都是从容不迫。"外"要塑造其型：体现在穿着打扮上，她们穿着大方得体，或是化着淡淡的裸妆，或是素颜面人，但是她们总能给人一种干净舒服的感觉；体现在为人处世上，有修养的人绝不是不苟言笑，她们大多能平易近人。虽然有时候可能显得不是那么健谈，但遇到她熟悉的领域，往往能发表自己的独特深入的见解，展现另一个迷人的自己。

"做一个有修养的女人，即使岁月凋残了红颜，依然能够美丽依旧，魅力非凡。时间可以凋残一个女人的容颜，却不能扫去女人经过岁月的洗礼而成就的修养。修养，是女人永恒的气场源。"戴尔·卡耐基告诉了我们，修养对一个女人的重要性。

修养是个人魅力的基础，其他一切吸引人的长处均来源于此。所以，女人追求美不应该只忙脸上功夫，也应该注重内在保养，精神气质的修养，多管齐下才能做一个由内而外散发魅力的女人。

女人的魅力是修炼出来的。魅力是女人活力的综合指数，是从女人身体和心灵的深处自然而然涌动、喷发出来的一种气韵。魅力女人将健康地老去，优雅地老去。但她的心永远不老，甚至越来越有魅力。只有女人越来越有魅力，才能让自己的世界变得开阔，心情变得平静，充满喜悦和幸福。

本书从身体、饮食、保养、健身、情绪、心理、修养、智慧等方面全面、系统地为女性朋友总结出了各种身心修养的方法，将女人如何从内到外都保持魅力的方法毫无保留地告诉大家，力求做到一看就懂、一学就会、一用就灵，让女性的魅力存之于心，发乎于形，发乎于面。希望女性朋友在读完本书后能从中找到提升自己魅力的方法，使自己更加有内涵，更加有魅力！

目　录

第一章　注重仪表，好形象成就魅力女人

第二章　礼行天下，魅力女人的礼仪修养

第三章 高贵品质，女人的魅力之源

第四章 知书达理，腹有诗书气自华

第五章 淡定自若，做一个优雅的女人

第六章 关爱身体，做健康女人

第七章 科学饮食，吃出健康和美丽

第八章 美丽容颜，来自精心的养护

第九章　完美身材，塑造性感曲线美

第十章　运动健身，带给你持久的健康和美丽

第一章
注重仪表，
好形象成就魅力女人

好形象成就好女人，美丽形象塑造幸福女人。让自己的形象更加美丽动人，是所有女人的希望与渴求。对当代女性而言，良好形象是价值百万的人生资本，是成就人生的必需，也是生活幸福的必备。

1. 女人的仪态美更具吸引力

时间可以带走女人曾经美丽的容颜，但它却带不走女人经过岁月的积淀焕发出来的美丽。明眸皓齿、花容月貌的美女，如果是站无站相、坐无坐相、举止忸怩、表情呆板、谈吐粗俗，会使人感到整体不协调，很难给人以美的感觉。由此看来，仪态美比脸蛋美更具吸引力。在别人的第一印象中，吸引人的往往是人的整体仪表、气质和风度。

女人如何才能做到仪态美呢？

（1）坐的仪态

端庄优美的坐姿，会给人以文雅、稳重、自然大方的美感。正确的坐姿应该：腰背挺直，肩放松。女性应两膝并拢；男性膝部可分开一些，但不要过大，一般不超过肩宽。双手自然放在膝盖上或椅子扶手上。在正式场合，入座时要轻柔和缓，起座时要端庄稳重，不可猛起猛坐，弄得桌椅乱响，造成尴尬气氛。如果着裙装，落座时应用手把裙子向前拢一下再坐下。坐稳后身子一般只占座位的三分之二，两膝两脚都要并拢。

不论何种坐姿，上身都要保持端正，如古人所言的"坐如钟"。若坚持这一点，那么不管怎样变换身体的姿态，都会优美、自然。

（2）站的仪态

优雅自然的站立姿势，重点在脊背。站立应做到挺、直、高。在站立时，身体各主要部位应尽量舒展，两腿并膝直立，头不下垂，下颌微收，眼看正前方，胸不含，肩不耸，应沉肩，背不驼，髋膝不打弯，微收臀、收腹，这样就会给人一种挺拔俊秀、精力充沛的感觉。如果哈腰驼背、腿髋打弯、腿摇、手臂乱舞，则会给人一种轻浮之感，而且也会影响身体健康。不妨关注女舞蹈演员和女体操队员的站姿，并细细体会、练习。不久的将来，你也会发现自己的站姿会变得"亭亭玉立、优雅动人"了。

站着等人时，要把身体的重心放在一只脚上，另外一只脚则微屈，并且要拿出精神来，不要使自己弯腰屈背。另外，还要注意被等的人可能来的方向，如果你不介意地东张西望，被等的人走到你面前才如梦初醒似的吓了一跳，那是不太礼貌的。

（3）走的仪态

走路时腰部松懈，会给人以吃重、衰老之感；走路时疲疲沓沓，拖着腿走路更显得难看。走路的美感，在于下肢移动时与上体配合形成一种协调、和谐、平衡对称的人体运动美。优雅的走路姿态是：以胸领动肩轴摆，立腰提髋小腿迈，小腿迈出臀摆动，跟落脚接趾推送，双眼平视肩放松。一般人如能注意并掌握以上基本要领，走路时就会给人一种稳定、矫健、轻盈、优雅的感觉。走路时，身体不要颠簸、摇摆，更不要摇头晃脑、左顾右盼。切忌迈八字步，如果有此毛病，请一定要注意纠正。要做到出步和落地时脚尖正对前方，抬头挺胸，迈步向前，穿裙子时走成一条直线，穿裤装时走成两条直线，步幅稍微加大，才显得生动活泼。

有的女人穿高跟鞋行走时腰挺不直、步迈不开，撅着屁股探着腰，很不雅观。正确的要领是：开步时强调立腰、提气，腰部用力，迈步的同时迅速调动小腿和脚背踝关节肌肉韧带的力量，并迅速调整后背力量以支撑身体重心，腰关节伸直，脚后跟先着地，步子的节奏加快一点，这样就会使你的步伐显得轻快、稳健而富有节奏感。

（4）笑的仪态

笑，是七情中的一种，是心理健康的一个标志。对女性来说，笑也很有讲究。在日常生活中，常看到有些女性不注意修饰自己的笑容，拉起嘴角一端微笑，使人感到虚伪；吸着鼻子冷笑，使人感到阴沉；捂着嘴笑，给人以不大方的印象。要想笑，嘴角翘，这是公认的美的笑容。达·芬奇的名画《蒙娜丽莎》画中人的笑被誉为永恒的微笑。

美丽的笑容，犹如三月桃花，给人以温馨甜美的感觉。发自内心的笑是快乐的，切忌皮笑肉不笑，无节制的大笑、狂笑。经常大笑易使面部肌肉疲劳，滋生皱纹，狂笑会影响生理机能致病。

（5）说的仪态

说话，最能表现一个人的文化素质和修养。说话的仪态美主要表现在：交谈时要大方，眼睛要自然地看着对方，这既表示尊重对方，也可表现女性的自信和心地的纯洁。语调舒缓，吐字清楚，声音高低得当，语气柔和，面带笑容，这样仪态自然会悦目优美。专心听对方讲话，使对方感到自己的话被你听取后，才会专心致志地听你说话，并努力去理解你的意思，切记：不要随意打断别人的谈话或把目光转向别处。不可脱离对方的观点，如有不同的观点和看法，想想再说，要心平气和地交谈。

（6）其他仪态

提手袋的时候：挺胸、抬头、收腹、脚要直，步伐不要迈得太大。

拾东西的时候：无论是穿裙子或长裤，拾东西时，不可仅把腰弯下，而把屁股翘得高高的，应该把两膝尽量并拢再蹲下，才会显得文雅美观。

握手的时候：眼睛和善地望着对方的眼睛，身体微微向前倾，右手自然地轻轻握住对方的手片刻，如果手上有东西，不要挂在肘弯上，而应用左手拿住。

理衣时：衣服有小褶皱或沾染上灰尘，可在独自相处时清理衣服，顺手拂去灰尘或抹平小皱。但如果被污染的面积较大，则必须到盥洗室整理。如果是内衣吊带滑落，则不能在公共场合就从衣服外面调整内衣。

站起来的瞬间：如去拜访朋友，在离开的时候，突然像弹簧似的一跃而起，那是很不文雅的。在起立之前，应先左手轻轻地扶住椅把，一只脚往后放，然后徐徐起立。

下车时：从车内出来，应该先打开车门，把脚以45度角从车门伸出，稳稳地踏住之后，再逐渐把身体的重心移上去。这样做稳重得体。千万不要一打开车门就先探出头来，那样子好像是被司机扔出来一样。

有魅力的女人是内涵丰富的女人。举止谈吐，一投足一举手之间都那么含蓄、深沉、温柔、善良，给人一种亲切、安慰、怡人的愉悦和韵味，不但自己对生活充满热情，而且还可唤起别人对生活的热情，使生命变得光彩照人。

2. 选择适合自己的服装风格

"我们生活不是为了穿戴，我们穿戴是为了生活。"这是女人着装遵循的原则。正是在这个原则下，关于服装的风格，关于服装流行的趋势，几乎可以畅所欲言。女人着装的风格，不仅要美观，而且要实用，首先要能突出一个女人的个性特点。

什么样的衣服才算"好衣服"？其实很简单，除了与自己的年龄、身份、肤色、身材及穿着的场合相吻合外，无非是这么几个要素：样式别致、颜色协调、质地上乘、做工精良。但问题是好的衣服大家都知道，"不好"的衣服却未必人人皆知。借用托尔斯泰的语式来说，就是好的衣服大致相同，不好的衣服却各有各的不好。可是现如今不少报刊总是对"好"衣服给予大量篇幅，到处美人纤体华服，虽然营造了当前经济、文化、社会等无处不在的商业气息，然而，讲讲"不好"似乎更有些实实在在的用处。

曾有人说，在人类文明的衣、食、住、行的最初形式之中，衣服是最富有创造性的。的确，衣服是人的第二皮肤，特别是对女性来说，无论是其衣服的造型还是制作，都要追求独具匠心的创造，确立自己的着装风格，并通过这种创造演绎出一种令人难忘的审美情感。

服饰也有个性。要学会用能表现自己独特气质的服饰装扮自己，使装扮与自己相符，内在的气质与外表相一致，就看着"顺眼""舒服"。比如，文静偕清淡简洁、活泼伴鲜明爽快、洒脱宜宽缓飘逸、高傲忌繁复的装饰和柔和的暖色，等等。你一定有过这样的经历，穿上一身得体的衣服，心情会立刻好起来，头不扬自起，胸不挺自高，步子迈得比平时轻盈，人也特别有信心，无论是走在街上，进到商场里，或是在办公室，好像普天之下没有什么办不成的事。

其实，衣着打扮并不神秘，任何人只要肯留心，都能掌握最基本的要领。我们平常所讲的"风度"，就是内在气质与外在表现相互衬托、彼此辉映的结果。风格的形成越早越好，因为有了风格，你的体貌特征才能与服饰间出现规律性的结合，使你的形象给人带来无与伦比的贴切感。有风格还不怕老，因为越老风格越成熟、越突出。有风格一定会带来自信，因为风格是个性的东西，别人可以羡慕，却无法效仿，这样，你就可以成为时尚的独立载体。

生活中，我们很少将风格与自身的特点及其穿衣方法挂钩，因此人们才会面临着无数的装扮烦恼：我该留什么样的发型？穿哪种款式的衣服？戴多大的耳环？穿什么样的鞋型？为什么今年流行的那款裙子我穿着不对劲？等等。你会发现这些烦恼都来自一个问题，那就是我到底适合什么。

我到底适合什么？要解决这个问题，唯一的办法就是要搞明白"我是谁"。

首先，你要了解自己的外型特征，这里分为外型的轮廓特征和体量特征；其次，要了解由自己的面部、身材、神态、姿态及性格等与生俱来的元素所形成的气质和氛围给人带来哪类的视觉印象，即周围人往往用哪类的形容词来形容你，以此找到自己的风格类别归属；最后，通过对女性款式风格类型的理解去对号入座，按自己的风格类别归属去扮靓自己。

根据行为、举止、性格、受教育程度等，通常把女人分为高贵典雅型、传统典雅型、利落大方型、罗曼蒂克型、自然主义随意型、自然主义异域风情型、楚楚可人型、前卫少年俊秀型、前卫少年睿智型、前卫戏剧型等十种气质型。

（1）高贵典雅型女人

端庄、知性、圆润、优雅、高贵、成熟、大家闺秀。以曲线剪裁为主的款式或曲线趋于直线的款式，使其具有自然的肩线，强烈的腰线。这种优雅而简单的造型，能够体现出精致、优雅的品位、成熟高贵的气息。非常适合洋装、线条流畅柔美的套装或针织套衫等。材质与花样为高品质的天然材质，柔软、光滑但不贴身的面料。正式场合以素色相搭配，休闲装可用树叶、花朵、波浪、旋涡或小的商标等花样来点缀。

（2）传统典雅型女人

端庄、知性、硬朗、成熟、能干、严谨、有责任心。以直线剪裁为主的款式，适合柔和的垫肩和做工精细合体的套装。领型适合V字领、小方领、西服领等。要注意回避过分曲线剪裁的款式，如荷叶边、青果领等，但可以不受潮流影响，给人以古典精致、端庄有分量的感觉。材质与花样为高品质的天然材质或柔软适度、有型的面料，以中性色为主色调；也可用点状、条纹、方格、花朵、树叶等花样来点缀。

（3）利落大方型女人

年轻、时尚、利落、能干、前卫、行动力。适合以直线与曲线相结合的剪裁，形成时尚、简约的式样。颜色以黑、白、灰以及五彩色为主。整体给人感觉简洁大方、时尚、摩登，有与时俱进的现代气息。材质与花样为天然的毛料、真丝或高科技合成面料，以素色为主；也可选择简单的条纹、几何纹、花、叶、树纹、动物皮纹、抽象图案等。

（4）罗曼蒂克型女人

浪漫、性感、成熟、大家闺秀、热烈。适合以曲线剪裁为主的、非常合体而圆润、浪漫感觉的款式，特别是要强调腰部、胸部、背部的曲线，应贴身而体现妩媚与性感。靠近脸部要做曲线型的领。最适合裙装，如收紧的包裙、大波浪裙子，且适合曲线的褶皱、荷叶边或华丽、线条流畅、有蓬松感的衣服。需要体现含蓄隐藏的性感。材质与花样为豪华的丝绒、丝绸、金银线的织物，或选用柔美、轻盈、透明、质地柔软、悬垂性好、华丽、质感的面料，以体现女人味。选择可爱、优美的花样，波浪形、象形图案等，如动物、树的纹路、叶子、梦幻般模糊不清的流线型花朵图案、绣花类、镂空花样等。

（5）自然主义随意型女人

亲切、自然、平和、中庸、返璞归真。多穿着有都市感却又平凡普通的服装，追求舒适与随意、简单不花哨，自然易活动的款式，如套头的高领毛衣、牛仔裙（直线剪裁的A字裙、吊带长裙），也可穿大一号的款式。材质为亚麻、棉质、牛仔布、灯芯绒、磨砂皮等天然材质为宜；颜色选择不太鲜艳，以趋向于自然的色系为好。格状条纹、几何图案都是最佳选择，还可有动物图纹、大自然的花纹、编织纹等。

（6）自然主义异域风情型

艺术、夸张、别致、异国情调。适合能体现女人艺术、表现夸张，可直可曲的剪裁，且适合把一切不和谐的东西穿在身上。这样的穿着打扮乍看是随意的，但细品时却发现是经过深思熟虑后的搭配，显得大胆、狂野、陌生的异国情调。也适合穿着历练千古的民族风味的款式。材质为亚麻、棉质、蜡染或华丽的纱、绸等；图案选择传统艺术或夸张、有异国情调的花样。

（7）楚楚可人型女人

可爱、圆润、天真、优美、怜爱、柔和、流畅、飘逸的款式最能表现可爱和轻盈的气质。适合小曲线有褶皱的款式，如小型蕾丝花边、细小的花朵、蓬松的灯笼袖等服装。材质为柔软、细腻、透明的材质，如丝质、纱质、蕾丝等。回避过重、粗糙的麻质花样，选择水滴形的、蝴蝶结的、卡通的或花朵等有规律感的图案。

（8）前卫少年俊秀型女人

帅气、中性、直爽、前卫、古灵精怪。适合直线剪裁的服装、裤装，若要穿裙子则要穿直线裙配短上衣、T恤等，以体现出帅气的打扮。适合在细节上强调明线、明兜、拉链、肩章、立领、小开领等。材质为细灯芯绒，薄的毛料、呢、人造皮、皮革、漆皮、牛仔布等；细小清晰的几何图形是最好的花样，而硬的、有棱角的、格子、斜条纹的也都适合。

（9）前卫少年睿智型女人

帅气、中性、直爽、前卫、知性、有责任感。适合直线剪裁的服装。着裤装比裙装好看。适合穿中性十足的中式立领或多扣式以及在细节上有明线、明兜、拉链、开领背帽等款式的服装。材质为粗的灯芯绒，薄的毛料、呢、皮革，有硬度的绸缎等；花样适合民族风格的图案，或格子、斜纹、几何图案等，也可以素色为主色调，但不可太艳丽。

（10）前卫戏剧型女人

前卫、夸张、大气、醒目、存在感强。拒绝平庸的服饰，而用引人注目、夸张、醒目、华丽而大气的款式，剪裁可曲可直。材质可选择硬挺的皮革或高科技合成的面料以及呢料绒面、闪光面料、透明飘逸的丝质绸缎等；花样可选择大气的几何图案，怪异的、动物纹路或大花朵的图案。

风格是每个人都拥有的，千万不要认为只有漂亮的人才能谈风格。风格绝对是每个人自身散发出来的一种与生俱来的氛围和气质，是你区别于任何其他人的个性标志，也是你要进行打扮的"底子"。无论你身材高矮、五官如何，你都会有你确定性的风格和魅力。风格不是"我想怎么样""我要怎么样"，而是"我是什么样的""我就是这个样的"问题。因此,我们不用羡慕别人的身高和美腿,也不用模仿谁的发型,更不能盲目地跟随流行。不把"底子"弄明白就往上添加东西,结果是可想而知的。应该说每个人都有属于自己的美,也就是自己的个性魅力。只是人往往不知道金子就藏在自身,总到别人身上去挖宝,却不知道真正的宝藏就是自己。

3. 服饰色彩搭配要和谐

女人的形体、气质、服装、配饰等是各自独立的部分,或美,或不美,独立时可能是美的,合为一体可能又是不美的,这便有了一门新的学问——形象设计。形象设计讲的是如何将这些独立的部分整合构成新的特定形象。服饰搭配则是这门学问中最为重要的一部分,是形象设计的灵魂。

搭配是一门艺术,涉及面极为广泛,同时,搭配对女性来说又是一种情趣。善用色彩是搭配中最重要的元素之一,有人说它是整体服饰的灵魂和支柱。服饰色彩是服装外观的第一印象,它有极强的吸引力,若想让其在着装上得到淋漓尽致的发挥,这就需要你充分了解色彩的特性。

当然,对于不同的年龄段、不同的特定需求而言,三要素的重要性也是会有所偏重的。年轻人款式变化更为重要,款式是一种形式或结构,它利用线条、面积、图案表达出时代感、文化感、潮流感。面料对于中年人就会显得更为重要,面料代表着品质、内涵及修养程度。懂得三要素之间互为作用,并且知道它们具有重要的隐喻功能，是驾驭服饰运用的基本功。

再者，浅色调和艳丽的色彩有前进感和扩张感，深色调和灰暗的色彩有后退感和收缩感。恰到好处地运用色彩的两种观感，不但可以修正、掩饰身材的不足，而且能强调突出你的优点。如对于上轻下重的形体，宜选用深色轻软的面料做成裙或裤，以此来削弱下肢的粗壮。身材高大丰满的女性，在选择搭配外衣时，亦适合用深色。这条规律对大多数人适用，除非你身体完美无缺，不需要以此来遮掩什么。

有些女性总认为色彩堆砌越多，越"丰富多彩"。集五色于一身，遍体罗绮，镶金挂银，其实效果并不好。服饰的美不美，并非在于价格高低，关键在于配饰得体，适合年龄、身份、季节及所处环境的风俗习惯，更主要的是全身色调的一致性，取得和谐的整体效果。"色不在多，和谐则美。"正确的配色方法，应该是选择一两个系列的颜色，以此为主色调，占据服饰的大面积，其他少量的颜色为辅，作为对比，衬托或用来点缀装饰重点部位，如衣领、腰带、丝巾等，以取得多样统一的和谐效果。

总的来说，服装的色彩搭配分为协调色搭配和对比色搭配。对比色搭配分为强烈色配合和补色配合；协调色搭配分为同类色搭配和近似色相配。

（1）强烈色配合

强烈色配合指两个相隔较远的颜色相配，如黄色与紫色、红色与青绿色，这种配色比较强烈。

日常生活中，我们常看到的是黑、白、灰与其他颜色的搭配。黑、白、灰为无色系，所以，无论它们与哪种颜色搭配，都不会出现大的问题。一般来说，如果同一个色与白色搭配时，会显得明亮；与黑色搭配时就显得昏暗。因此，在进行服饰色彩搭配时应先衡量一下，你是为了突出哪个部分的衣饰。不要把沉着色彩如深褐色、深紫色与黑色搭配，这样会和黑色呈现"抢色"的后果，令整套服装没有重点，而且服装的整体表现也会显得很沉重、昏暗无色。比如说，黑色与黄色就是最亮眼的搭配。

（2）补色配合

补色配合指两个相对的颜色的配合，如红与绿、青与橙、黑与白等，补色相配能形成鲜明的对比，有时会收到较好的效果，黑白搭配是永远的经典。

（3）同类色搭配

同类色搭配指深浅、明暗不同的两种同一类颜色相配，比如青配天蓝、墨绿配浅绿、咖啡配米色、深红配浅红等，同类色配合的服装显得柔和文雅。比如说，粉红色系的搭配，让整个人看上去是一个性格温柔的女性，进而增添你的美色。

（4）近似色相配

两个比较接近的颜色相配，如红色与橙红或紫红相配、黄色与草绿色或橙黄色相配等。不是每个人穿绿色都能穿得好看，绿色和嫩黄的搭配，给人一种很春天的感觉，整体感觉非常素雅，进而使淑女味道不经意间流露出来。

职业女装的色彩搭配。职业女性穿着职业女装活动的场所是办公室，低彩度可使工作在其中的人专心致志、平心静气地处理各种问题，营造沉静的气氛。职业女装穿着的环境多在室内、有限的空间里，人们总希望获得更多的私人空间，穿着低纯度的色彩会增大人与人之间的距离，减少拥挤感。

纯度低的颜色更容易与其他颜色相互协调，这使得人与人之间增加了和谐亲切之感，从而有助于形成协同合作的格局。另外，可以利用低纯度色彩易于搭配的特点，将有限的衣物搭配出丰富的组合。同时，低纯度给人以谦逊、宽容、成熟感，借用这种色彩语言，职业女性更易受到他人的重视和信赖。

（1）白色的搭配原则

白色可与任何颜色搭配，但要搭配得巧妙，也颇需费一番心思。白色下装配带条纹的淡黄色上衣，是柔和色的最佳组合；下身穿着象牙白长裤，上身穿淡紫色西装，配以纯白色衬衣，不失为一种成功的配色，可充分显示自我个性；象牙白的长裤与淡色休闲衫配穿，也是一种成功的组合；白色褶裙配淡粉红色毛衣，给人以温柔飘逸的感觉。红白搭配是大胆的结合：上身着白色休闲衫，下身穿红色窄裙，显得热情潇洒。在强烈对比下，白色的分量越重，看起来越柔和。

（2）黑色的搭配原则

黑色是个百搭百配的色彩，无论与什么色彩放在一起，都会别有一番风情，和米色搭配也不例外！例如夏季，这样会使整个人看起来格外舒适，还充满着阳光的气息。其实，不穿裙子也可以，换上一条米色纯棉的休闲裤，最好是低腰微喇叭的裤型，脚上还是那双休闲鞋，依然前卫，美丽逼人。

（3）蓝色的搭配原则

在所有的颜色中，蓝色服装最容易与其他颜色搭配。不管是近似于黑色的蓝色，还是深蓝色，都比较容易搭配，而且，蓝色具有紧缩身材的效果，极富魅力。

生动的蓝色搭配红色，使人显得妩媚、俏丽，但应注意蓝红比例适当。近似黑色的蓝色合体外套，配白衬衣，再系上领结；出席一些正式场合，会使人显得神秘且不失浪漫。曲线鲜明的蓝色外套和及膝的蓝色裙子搭配，再以白衬衣、白袜子、白鞋点缀，会透出一种轻盈的妩媚气息。

上身穿蓝色外套和蓝色背心，下身配细条纹灰色长裤，呈现出一派素雅的风格。因为，流行的细条纹可揉和蓝灰之间的强烈对比，增添优雅的气质。

蓝色外套配灰色褶裙，是一种略带保守的组合，但这种组合再配以葡萄酒色衬衫和花格袜，显露出一种自我个性，从而变得明快起来。

蓝色与淡紫色搭配，给人一种微妙的感觉。蓝色长裙配白衬衫是一种非常普通的打扮。如能穿上一件高雅的淡紫色的小外套，便会平添几分成熟都市味儿。上身穿淡紫色毛衣，下身配深蓝色窄裙，即使没有花哨的图案，也可在自然之中流露出成熟的韵味。

（4）褐色的搭配原则

与白色搭配，给人一种清纯的感觉。褐色及膝圆裙与大领衬衫搭配，可体现短裙的魅力，增添优雅气息。选用保守素雅的栗子色面料做外套，配以红色毛衣、红色围巾，鲜明生动，俏丽无比。

褐色毛衣配褐色格子长裤，可体现雅致和成熟。褐色厚毛衣配褐色棉布裙，通过二者的质感差异，表现出穿着者的特有个性。

（5）米色的搭配原则

用米色穿出一丝严谨的味道来，也不难。一件浅米色的高领短袖毛衫，配上一条黑色的精致西裤，穿上闪着光泽的黑色的尖头中跟皮鞋，将一位职业女性的专业感觉烘托得恰到好处。如果想要一种干练、强势的感觉，那就选择一套黑色条纹的精致西装套裙，配上一款米色的高档手袋，既有主管风范又不失女性优雅。

现如今的时尚中，米色因其简约与富于知性美而成为职场女性着装的常青色。与白色相比，米色多了几分暖意与典雅，不事夸张；与黑色相比，米色纯洁柔和，不过于凝重。在追求简单、抛却繁复的时尚潮流中，米色以其纯净典雅气息与严谨的现代职场氛围相吻合。但要将任何一种颜色穿出自己的美丽、穿出最佳效果，都要讲究搭配，米色也不例外。

总之，你得把自己当作一个整体来对待，协调身体各部位的关系，注重整体效果。

4. 用配饰点缀你的美丽

生活中，很多女性只顾着在或华丽或民族或淑女的服装上打算盘，做美丽投资，而忽略了配饰的重要性。尽管有特点的首饰可能会比服装贵，但一件首饰可以搭配许多服装，且因不会过时可长期佩戴。

（1）首饰

佩戴首饰的目的在于点缀服装的精华，同时又能掩饰身体的局部缺陷。首饰与服装搭配时，要特别注意风格的针对性，比如，深色晚礼服可以佩戴一些鲜艳夺目的珠宝首饰，如钻石耳环、镶钻石的胸针、红宝石吊坠及白色珍珠项链等，这样便会在庄重中凸显出超群脱俗、高贵华丽的气质。而浅色礼服一般不要佩戴艳色系列的珠宝首饰，如红宝石等。相反，浅绿色的翡翠戒指、K金项链、浅蓝色蓝宝石吊坠及粉红色的珍珠饰物则可在纯洁的气氛中增加几许妩媚和温馨。通常，黄金、白银及洁白的珍珠、透明的钻石等，均为万能的中间色，可与任何色调的服装配用；而白玉、紫晶、海蓝、红宝石、翡翠绿等宝石首饰，则应根据时装颜色来选配。如穿墨绿色丝绒的旗袍，胸前佩戴玛瑙镶金边的别针，会产生"万绿丛中一点红"之感。

与服装搭配的各种饰品一般不宜过多，否则会喧宾夺主，必须使其处于陪衬地位。一条精致的项链在一套素色服装上就可以起到点缀、提神的作用，如果再配上手镯、胸花、腰饰，那么，它们的精致程度、反光亮度以及色相纯度都各不相同，反而显得俗气，若再加上浓妆艳抹、举止轻浮，便成为不正经的女性形象了。

此外，佩戴首饰还应该考虑首饰的质地和自己的肤色，较深的肤色，配上质地为白银的首饰，会显得和谐稳妥；性格沉静的少女，佩戴金色的首饰，能使人更觉高洁、文雅。一般说来，少女配上有一点颜色的珐琅首饰，会显得活泼、伶俐。但值得注意的是，一些在公共场合工作的人，如公关小姐、管理阶层人士戴上与服装颜色相近、粒度大小中等、形状线条简洁的珠宝首饰会营造出一种干练与柔和统一的气氛。相反，过大或过分闪耀的大粒钻石、红宝石首饰则会给人一种咄咄逼人的感觉。一般人在工作之余或在一些轻松愉快的场合往往喜欢穿便服，如T恤等，或一般的裙装，这时戴一些主石不太突出的由一般的宝石或人造宝石镶嵌的首饰如"苏联钻""石榴石"等，是较为和谐的。

（2）帽子

色彩选择上最好与衣服是同一色系，不仅显得色彩协调，最重要的是可以使人显得修长、高挑。但是要切记，脸色偏黄的人不适合黄绿等色调，还有就是紫色的帽子有时候会令黄皮肤越发暗黄，或者使苍白皮肤越发苍白，要慎重选择。但是皮肤白皙的女性选择余地就会非常大。

一般来讲，圆形脸的女性为了让自己脸部的线条看起来更加清楚，不至于像大饼脸，可以选择较长帽冠、不对称帽檐的帽子，这样会使脸型显得立体；而方形脸的女性可以选择比较鲜艳的帽冠和不规则边缘的帽子，这样看上去能因为线条的参与而使脸部轮廓显得柔和；长型脸的女性由于脸型的弧度比较窄，所以不适合帽檐太窄的帽子；三角脸型的女性由于下巴比较尖，所以适合采用高帽冠的帽子，但一定要选择帽檐适中的款式，因为如果帽檐太大，反而会对比出脸型的窄小，视觉效果会受到影响。

（3）手套

手套不仅御寒，而且是衣服的重要饰件。手套颜色要与衣服的颜色相一致。穿深色大衣，适宜戴黑色手套。女士在穿西服套装或时装时，可以挑选薄纱手套、网眼手套。女士在舞会上戴长手套时，不要把戒指、手镯、手表戴在手套外，穿短袖或无袖上衣参加舞会，一定不要戴短手套。

（4）围巾

那些深沉色泽的西服套装，虽然够端庄，但是常常会使人脸色发暗。在正式场合虽然让人觉得十分得体，但也很容易淹没我们的个性。那些丝质面料的丝巾往往要派上用场，它们在这个时候往往会增添我们的妖娆气息。比如，藏青色西服可以搭配纯白色的绸缎围巾，不仅高贵典雅，同时还衬出了白皙的皮肤。银灰色的服装看上去容易使人平淡、呆板，但如果搭配不同颜色的丝巾就会有不同的效果。比如，稍胖的女性可以搭配深色丝巾，这样显得视觉上纤细很多，而比较瘦的女性可以搭配红色丝巾，使银灰色的平淡变得洋气而生动。如果穿红色的毛衣，可以用黑色透明的围巾压住红色，从而不至于太刺目，还能让肤色白皙，更显得美丽典雅。如果是乳白色的毛衣，下配黑裤子，围一条玫瑰色围巾，会使人觉得高贵得体，对体型修长的女性更加适宜。至于那些拉毛、羊毛、膨体和钩针编织组合的围巾，不宜与较薄的衣服搭配。呢子大衣、羊绒大衣围上针织的花复杂的大围巾，却能显得很端庄。要记住：大衣颜色深，围巾就可以鲜艳些，弥补大衣色彩上的不足；而如果大衣颜色淡，则可以用色彩素雅稳重的围巾，使大衣显得较为正式。

（5）钱包

当你掏出钱包付账的时候，是否会下意识地检查钱包是否依然体体面面？由于钱包的"出镜率"极高，很容易引起别人的注意，因此在皮质和款式上都有较高的要求。皮质坚挺又不失柔软的钱包容易塑造经典的钱包外型，比较适合对生活有所要求的人使用。像知名品牌的经典钱包款式，素雅简单的设计足以体现一个人精致的生活态度。

（6）皮包

女性出门总少不了带个包。在注重装饰的今天，女性的包远远超出了它的实用价值，成为女性服饰配套的一个重要组成部分，在整个形象中处于很惹人注目的部位。拥有包的数量不必多，但质量要好。若是皮包，要注意皮质和脚上的皮鞋配套，颜色风格要与所穿服装协调。如果你穿着一套风格朴素的服装，却挎着装饰华美的皮包，会有一种喧宾夺主、"只见皮包不见人"的感觉，相反，如果你穿一身华美的丝绒旗袍，却提着一只塑料网袋，则会令人遗憾不已。

（7）手表

有不少时尚人士是追表一族，对手表的要求极高。不仅对手表的新款式资讯了如指掌，自己所拥有的手表也不止一块。手表大致可以分为时装表和运动表两类，在穿着不同风格的服装时也应当考虑到手表如何得体搭配。除此之外，手表的收藏价值也不容小觑。一些为纪念特别的人物或事件推出的纪念版手表更是收藏家的最爱。

（8）袜子

袜子的角色向来是很尴尬的，作为一个不是很显眼的装扮部件，袜子很容易被人忽视。虽然袜子总是藏在皮鞋的里面，不容易露脸，但如果在需要脱鞋的场合，让人发现你袜子上不可告人的秘密，想必那时的尴尬总会让你无处藏身。而像女士的丝袜如果勾丝破洞，总让人觉得有些不雅。因此，有品位的细节人士对袜子的角色应当有所警觉，多花点心思在袜子上吧，因为选一双质地尚好的袜子也许比选一双鞋更加实在舒服。

对于配饰，切记不可随随便便地往身上一戴就可以了。这样，不但起不到"画龙点睛"之效，反而会使你成为人们眼中的小丑。因此，为了便于搭配服装，可以将配饰分成几种风格：

（1）可爱风格

既然要"嫩"，就要统一，糖果色配饰当然是最佳选择，可爱的图形、娇艳的颜色，粉嫩无敌。

（2）名媛风格

珍珠材质，花朵造型都是基本款式，颜色以黑、白、自然色为主，耳环体积不宜过大，制作一定要精细。

（3）运动风格

运动风格的装扮为了要摆脱中性的感觉，就要适当点缀一些甜美的配饰，但是又不能太娇嫩。用发带装扮马尾，用彩色项链强调女人味，休闲装扮同样适用。

（4）日系风格

日系风格讲究个性和混搭，颜色鲜艳，材质多样。配饰要夸张、浓烈，金属色和大红、大绿等鲜明颜色必不可少。造型要简单简单再简单，这样才不会因为颜色而显得俗气。

我们可以按照以上的几种风格为自己的服装搭上合适的配饰，为自己的装扮锦上添花，从而使自己更加妩媚靓丽。

5. 丝巾让女人更优雅自信

伊丽莎白·泰勒说："不系丝巾的女人是最没有前途的女人。"奥黛莉·赫本说："当我戴上丝巾的时候，我从没有那样明确地感受到我是一个女人，美丽的女人。"

女人的颈间风情离不开丝巾，有男人甚至说，如果有一样饰物是使女人更显女人味的话，一定要首推丝巾。他们的理由是，当女人端坐在办公室时，丝巾呈现的美是静中取动；当女人在街头款款而行时，丝巾呈现的美是动中取静。一个生动如花的女人，就像一条风情万种的丝巾，兼具庄、谐两种美。仔细想想，蛮有道理的，有时我们在某公共场所看某女子留清汤挂面发，穿布衣素服，整个人衣装简单得不能再简单，但你从第一眼开始就感觉她是一个生动美好的女人，究其原因就是因为她戴了一方小小的丝巾！丝巾在这里作为女人的一件配饰，实际上就是一种美丽的身体语言。

今天，"丝巾"在时尚饰品中燃起了势不可当的熊熊之火，不管是大方巾、小方巾、长方巾或三角巾，都成为最实用的搭配单品。而20世纪六七十年代所流行的几何图案，竟然成为21世纪的潮流，各大设计师都不约而同地应用在各款服饰上，同时亦都应用在丝巾上。

女人可以依照自己的品位、衣着与风格，肆意变化，打破传统局限，让丝巾摇身一变成为"头巾""腰带""领巾"等配饰，甚至可以依照整体的装扮，让丝巾成为你衣橱中缺少的那件衣服，使丝巾的变化成为服装中最诱人的想象。

将不同颜色、不同图案的丝巾以不同的方式打结，再配以适合的发型和衣着，便可变换出不同寻常的风姿，时而显得端庄秀丽，时而显得恬静贤淑，时而显得热情奔放，时而显得甜美娇人。那么，究竟应怎样搭配才能使自己看上去更靓丽呢？

（1）四方形脸

两颊较宽，额头、下颌宽度和脸的长度基本相同的四方脸型的人，容易给人缺乏柔媚的感觉。系丝巾时尽量做到颈部周围干净利索，并在胸前打出些层次感强的花结，再配以线条简洁的上装，演绎出高贵的气质。

（2）长形脸

左右展开的横向系法能展现出颈部朦胧的飘逸感，并减弱脸部较长的感觉。如百合花结、项链结、双头结等，另外，还可将丝巾拧转成略粗的棒状后，系出蝴蝶结状，不要围得过紧，尽量让丝巾自然地下垂，渲染出朦胧的感觉。

（3）圆形脸

脸型较丰润的人，要想让脸部轮廓看来清爽消瘦一些，关键是要将丝巾下垂的部分尽量拉长，强调纵向感，并注意保持从头至脚的纵向线条的完整性，尽量不要中断。

系花结的时候，选择那些适合个人着装风格的系结法，如钻石结、菱形花、玫瑰花、心形结、十字结等，避免在颈部重叠围系、过分横向以及层次质感太强的花结。

（4）倒三角形脸

从额头到下颌，脸的宽度渐渐变窄的倒三角形脸型的人，给人一种严厉的印象和面部单调的感觉。此时可利用丝巾让颈部充满层次感，来一个华贵的系结款式，会有很好的效果。如带叶的玫瑰花结、项链结、青花结等。

注意减少丝巾围绕的次数，下垂的三角部分要尽可能自然展开，避免围系得太紧，并注重花结的横向层次感。

丝巾花型可选择基本花、九字结、长巾玫瑰花结等。

选也选了，买也买了，那么怎样系呢？最常见的系法有以下几种：

（1）挂肩式

将丝巾对折成矩形，沿矩形对角线折成山形（或直接用三角形丝巾），从肩部稍下位置围绕至胸前打结。如果再系配色花或别针作点缀，端庄华贵之韵味一跃而出。

（2）围脖式

丝巾对角折成三角形，直角朝前，两锐角从脖后绕过，再到脖前打结，整齐划一。

（3）领巾结

顾名思义，该结法与领带的打法一样。西装外套配上衬衫是职业女性最为喜爱的男性化打扮。此作为女性饰物的丝巾和领带结的打结法在该款造型中是不可缺少的。让你尽显干练的同时散发无限的女人味。

（4）蝴蝶式

将丝巾对角折成三角形，两边角披在肩部，然后在胸前打一个蝴蝶结，把结稍稍隐藏。藏而微露，温婉可爱。

（5）头巾式

这种系法一扫"乖乖女"的形象，大可以换上一身酷毙了的衣服一个人去跳舞。

（6）重叠领

将丝巾折成斜角长条，再重叠系于衣领中，用隐藏式别针将内面别住。简单的重叠领结法适用式样简单的V字领外套，可避免简单式样给人的单调感。利用花丝巾重叠系于红色外衣领中，使女性极具优雅气质。

（7）榕叶结

将丝巾折成斜角长带，绕在脖子上先打一平结，再打一结固定，将尾端拉开并调整。此结与衬衫和马甲搭配是最美妙的组合。

女人可以没有昂贵的钻石或时装，但一定要拥有一两条适合自己气质的丝巾。它是女人颈间的尤物，不仅可以让女人靓丽出行时心里装满优雅与自信，而且这种自信与优雅绝对是出于女人的本能热爱；更重要的是，它是现代职业女性精致生活与高雅品位的象征。

丝巾在中国一直有着至高无上的地位，即使在古装电视剧里也屡屡出现这样的镜头：穿着轻纱的女主角轻盈路过，带着芳香的丝巾轻拂过男主角的脸，留下淡淡的幽香。女主角的万种风情使男主角对她一见倾心，幽怨缠绵的爱情故事就这样发生了。

在现代，这样的情节可能会显得有点夸张甚至让人觉得肉麻，但丝巾对女性的意义丝毫未减，不管穿什么样的衣服，搭配一条丝巾都能让你在不经意间给人眼前一亮的感觉。当然，

　　并不是拥有一条丝巾就能让你马上明亮动人起来，必须学会多
种丝巾的打法，才能在不同的场合驾轻就熟。不少销售丝巾的
售货员是打丝巾的高手，只要你在选购时虚心请教，定能满载
而归。

第二章

礼行天下，
魅力女人的礼仪修养

礼仪是一封通行四方的推荐书，它让女性主动地介入社会，与社会环境、秩序保持一定的和谐和亲近度，最大限度地提升成功的概率。礼仪让女人更成熟、更优雅、更精致。

1. 介绍有方，给人留下美好印象

　　介绍是社交场合人们互相结识的一种常见形式。在日常交往中，自我介绍是女性充分展示交际魅力的"开场白"。如何在自然的氛围中进行自我介绍呢？首先，要面带微笑，笑容会令对方感到温暖有诚意，否则将无法制造融洽、和谐的气氛。

　　从交际心理上看，人们初次见面，彼此都有一种了解对方，并渴望得到对方尊重的心理。这时，如果你能及时、简明地进行自我介绍，不仅满足了对方的渴望，而且对方也会以礼相待，自我介绍。这样，双方以诚相见，就为进一步交往奠定了良好的基础。

　　而且，在参加社交集会时，主人不可能把每一个人的情况都介绍得很详细。为了增进了解，你不妨抓住时机，多作几句自我介绍。时机有两种：一是主人介绍话音刚落时，你可接过话头再补充几句；二是如果有人表示出想进一步了解你的意向时，你可作详细的自我介绍。

　　自我介绍时应注意以下几点：

　　（1）要有自信心

　　在日常交往中，有些人怕见陌生人，见到陌生人，似乎思维也凝固了，手脚也僵硬了。本来伶牙俐齿的，变得说话结巴；本来笨嘴笨舌的，嘴巴更像贴了封条。这种状况怎能介绍好自己呢？要克服这种胆怯心理，关键是要自信。有了自信心，才能介绍好自己，给别人留下好的印象。

（2）态度自然

有人把自我介绍称为自我推销。既然推销产品时需要在"货真价实"的基础上作宣传，那么推销自我时也不能不顾事实而自我炫耀。因此，作自我介绍时，最好不要用"很""最""极"等极端的词汇，给人留下"狂"的印象；相反，真诚自然的自我介绍，往往能使自己的特色更闪闪发光，引起人们的注意。要自然清晰地说出自己的姓名、职务，态度要不卑不亢，并用友善热忱的目光看着对方。不管对方是谁，即使是对晚辈也不能摆出一副高傲的神态，切忌犹豫，猥琐自卑，这样会给对方留下不好印象，有碍关系进一步发展。

（3）注重实际

一般不宜用"很""最"等词进行自我评价，即不能夸耀自己，也不必有意贬低自己。

（4）繁简适宜

自我介绍包括姓名、籍贯、职务、工作单位、地址、文化程度、主要经历、爱好等等。自我介绍时，要根据不同场合的要求，繁简适当。一般来说，联系工作、宴会、发言前的自我介绍要简单明了，而在应聘、交友等场合则不妨详细一点。

（5）内容明确

在进行自我介绍时语言一定要清晰明确，这不仅是为了使对方听清你自我介绍的内容，而且能使对方感到你充满自信，对你产生一种亲近心理。如果你声音模糊，羞羞答答，会使人感到你找不到自我，留下不好的印象。

（6）谦虚大方

自我介绍时，要大方谦虚，不能自我吹嘘。比如说，强调自己是什么职称，对什么很有研究等，过分地表现自己容易让别人不仅看不起，甚至引起对你的反感。

聪慧的女性，在自我介绍时，一般都不提个人什么级别、什么头衔，因为这些话应该是别人说才有意义。

（7）语言得体

自我介绍时，一定注意语言要文雅、得体。如果有人这样作自我介绍："我姓王，是王八的王"，或者有人这样介绍："我姓杨，是杨树的杨，不是猪马牛羊的'羊'"，这样的介绍，别人会认为你粗俗不堪，不值得交往。

（8）说好"我"字

自我介绍不能过多地出现"我"字，否则会给人突出自我、标榜自己的印象。所以要尽量少用"我"字；同时要以平和的语气、平缓的语调说"我"，目光要亲切、自然；尽可能地用"我们"来代替"我"。这样可以缩短双方的心理距离，排除陌生感。

（9）巧用名片

交换名片是广泛应用的一种庄重、文雅的交际方式。给对方递名片时态度要恭敬，顺带说一句"请多关照"。

（10）自报姓名

自我介绍说出自己的姓名，并加以注释。所以名字报得巧妙，会使对方很快记住并留下深刻的印象。

（11）要考虑对象

自我介绍的根本目的是要给对方留下一个印象，因此要站在对方理解的角度来说话。比如，第一次参加某方面的研讨会，你站起来说："我叫××，我来发个言。"此时在场的人一定会这么想：这是什么人？怎么从来没见过？她代表哪方面？她的意

见值得听吗？所以，面对有这么多想法的听众，你只介绍"我叫
××"是不行的，别人不会专心听你的发言。如果你理解了听众
的心理，就可这样介绍："我叫××，是××大学的教师，我第
一次参加这样的研讨会，希望大家多多指教。现在我就这个问题
谈谈自己的看法……"这样的介绍，才不会使听众心中结下疑
团，才能使听众专心听你的发言。

所以，女人在介绍自己时，一定要重视那个或那些与你打交
道的人，要随机应变。如你面对的是年长、严肃的人，你最好认
真规矩些；如与你打交道的人随和而具有幽默感，你不妨也比较
放松地展示自己的特点，作出有特色的自我介绍来。

2. 握手艺术，不同场合不同讲究

聚散忧喜皆握手，此时无声胜有声。握手礼是目前世界许多
国家通行的礼节，也是人们日常交际的基本礼节。有一首顺口溜
说道：相逢点头笑，握手问个好，笑容挂眉梢，心儿甜透了。

握手是社交活动中一个神秘的使者。无论时代怎么改变，端
庄诚恳都是礼节中不可少的要素。握手是现代女性在社交场合不
可缺少的礼节，它将成为你与他人掌心相通的温暖，与他人心灵
交流的桥梁，是你成功路上不可少的契机。

李瑶第一次去面试的时候很紧张，紧张得手心冒汗。当她敲
开面试房间的门时，主考官很热情地站起来，伸出手来，而李瑶
却傻了，忘了伸出自己的手，弄得气氛很尴尬。当然，她没有被

录取，但她永远记得这一次的"握手"。

能够大方优雅地与人握手，也是一种魅力。对陌生的人，握手是结成友谊的桥梁；对远方的来客，握手能表达深厚的感情；对爱恋的人，握手是心灵的交流；对危难的人，握手是信心和力量。

王小姐是一家外贸公司的业务代表。不仅长了一副精明能干的外表，而且还天生拥有一张口吐莲花的三寸不烂之舌。一般情况下，只要她接触的客户总是会轻轻松松地被她搞掂。美中不足的是，她有一个最大的弱点，就是在与客户见面的时候总是不知道应该什么时候与客户第一次握手。其中有好几次在与国外客人见面时，弄得双方都非常尴尬。大家都知道，外国人多数都是外向性格，他们喜欢轻松、自然地接触交流。可每次王小姐与人见面的时候都不肯先伸出她的玉手，让人家握一握，而老外们又多数都期待着享受这种欢迎礼节。一边在热盼，另一边却毫无反应，可见当时大家的心情会怎样了！后来经过一次系统的礼仪学习后，她才恍然大悟。原来握手也是一件很有讲究的事情！

作为一个受五千年传统文化影响的中国女人，行为上往往有浓厚的传统女性贤淑美德，鞠躬时端正、诚恳、而有"深度"；迎面遇人则侧身低头让人先过；喝茶时，双手捧杯恭敬而饮。这些无疑也是一种旧文化的特色。但西方社交礼仪传入中国以后，和其他的文化冲击一样，改变了一些事情，也改变了中国女性在社交场合中的形象。

握手应本着"礼貌待人，自然得体"的原则，并灵活地掌握与运用握手礼的时机，以显示自己的修养与对对方的尊重。握手虽然简单，但握手动作的主动与被动、力量的大小、时间的长短、身体的姿势、面部的表情及视线的方向等，往往表现握手人对对方的不同礼遇和态度，也能窥测对方的心里奥秘。因而握手是大有讲究的。

握手需要用右手。握手时要注视对方，千万不要一面握手，一面斜视他处，或东张西望，这都是不尊重对方的表现。有时为了表示更多的敬意，握手时还要微微点头鞠躬。握手时要上下微摇，不是一握不动，男士之间可以握得较紧较久，以表示热烈，但要注意既不能握得太使劲，使人感到疼痛，也不能显得过于柔弱，不像个男子汉，对女士则只能轻握，也不宜握得太久不放，老朋友可以例外。

一般是站着握手，除因重病或其他原因不能站立者外，不要坐着与人握手。不过，如果两人都是坐着，可以微屈前身握手。

人多时，注意不要交叉式握手，可待别人握完再握。每逢热烈兴奋的气氛时有些人容易忽略这一点，要特别注意。到朋友家中，客人多，只需与主人及熟识的人握手，其余的人只需点头致意。但经过主人介绍的，就要逐一握手致意。

握手时要脱去手套，如因故来不及脱掉就握手，须向对方说明原因并表示歉意。

在性别的差异里，先伸手的应该是女性，而男性立即伸手回握；同性而有年龄长幼之分时，则年长的先伸手，年轻的立即伸手回握；阶层有高低差别时，以阶层高的先伸手，阶层低的立即回握。

年龄与性别有冲突时，如男性年长，是女性的父亲辈年纪，在一般社交场合中仍然以女性先伸手为主。除非男性已是祖父辈年龄，或女性未成年在二十岁以下，则男性先伸手，女性才回握。阶层与年龄或性别有冲突时，永远以阶层为主。

不过有一个原则必须把握，即好的礼节原是促进人与人之间良好关系的基础，因此任何人忽略了握手礼的先后次序而已经伸出手，对方都应该不加迟疑地立刻回握。

另外，好的握手礼是温暖的掌心相通，眼睛看着对方，脸上有表情，在握手中流露诚恳、温暖、亲切的个性。许多女性仅以指尖相握，或者只是伸出一只冷冷的手而毫无相握之诚，均非适宜的握手礼。殊不知虽只是盈盈一握，却包含了是否令人愉悦、信任、接受的契机，真不可谓之不重要了。

握手通常是你与他人的第一次身体接触，而握手这个动作会给人一种什么样的观感，跟以下三件事有相当大的关系：

（1）如何握手。

（2）何时握手。

（3）别人的感觉如何。

一个令人愉快的握手，感觉上是坚定、有力，代表这个人能够做决定、承担风险，更重要的是能够负责任，以诚挚、热情的握手，来显示他多么高兴能够认识你；至于令人反感的握手，感觉是犹豫、不爽快，好像在告诉别人我不是做决定的人，让人觉得你软弱、狡狯、没有生气，跟你握手，好像手里握一条死鱼。

至于用力到好像要把对方骨头捏碎，给人的感觉是一样的糟糕，正确的握手，给人干爽、触感很舒服的感受，湿黏、冰冷，就像你长时间握着一杯冰水，将让对方留下不悦的印象。

如果你的手经常都是冰冷的，当你要与人握手时，不妨把手放进口袋里让手温热点。

如果你的手常年都是湿冷的，在握手之前，先在裤子或裙子上擦一擦，使你伸出去的手是干的。当然你的动作必须快速而优雅，以免引起别人的侧目。

3. 称呼得体，赢得他人好感

称呼，是指人们在日常交往应酬之中所采用的彼此之间的称谓语。也是当面招呼对方，以表明彼此关系的名称，它是人际交往语言中的先行官，是沟通人际关系的信号和桥梁，也是表情达意的重要手段。结识新朋友，路遇老朋友，一见面就是称呼对方，则既是对对方的尊重，又是自己知书达礼的体现。据有关心理专家说，人们对别人怎样称呼自己特别地看重；同时，由于各国各民族民俗不同，语言各异，社会制度也不一，因而称呼上的差别也较大。作为女人，朋友相见，尤其是与陌生人相见，就不得不讲究应该如何称呼了。如果称呼错了，将会闹出笑话，造成误会，使对方不高兴甚至反感。而恰当的称呼则会让对方感觉到你的尊重，它有如妙音入耳，使对方备感温馨，从而使双方产生心理相容，使感情更加融洽，使交流更加顺畅。

推销员李静为了拓展业务，一天要跑好几家公司，接洽的对象，多半是科长级的人，偶尔也会见到经理。这一天，李静在接连拜访了好几位科长之后，来到某公司，接待她的是一位经理。尽管彼此都交换了名片，可是一整天的忙碌使得李静有点糊涂，在谈话当中，她还是不断地称呼对方为"科长"。

等她回到自己的公司整理名片时，这才发现了自己的错误，于是十分紧张地打电话道歉。但那位经理却说："喔！原来是这么回事，没关系，你不要放在心上！"语气里所表现的豁达，使这位推销员又感激又敬佩。

的确，明明是个经理，却让人叫作科长，平常人总会有点不悦。但是对方不但没有当场提出纠正，甚至事后还安慰李静，可见得是个气度恢宏、胸襟开阔的人，也就难怪李静要佩服不已了！

人际交往中，称呼每天都会用到，这里面的学问也挺多的，掌握它是你在人际关系中应付自如的前提。

（1）称呼的原则

称呼是当面打招呼时用的表示彼此关系的名称。称呼语是交际语言中的先锋官。一声亲切而得体的称呼，不仅能体现一个女性待人谦恭有礼的内涵，而且能使对方如沐春风，易于交融双方的情感，为深层交际打下基础。

社会是一个大舞台，每个社会成员都在社会大舞台上充当特定的社会角色，而称呼最能准确地反映人际关系的亲疏远近和尊卑上下，具有鲜明的褒贬性。亲属之间，按彼此的关系，都有固定称呼，自不待说。在社会交际中，人际称呼的格调则有雅俗高下之分，它不仅反映人的身份、地位、职业和婚姻状况，而且反映对对方的态度及其亲疏关系，不同的称呼内容可以使人产生不同的情态。如同是对老年人，就可称老人家、老同志、老师傅、老大爷、老先生、老伯、老叔、老丈，对德高望重者还可称"×老"，如"张老"；切不可称"老头子""老婆子""老

东西""老家伙""老不死"等。很显然，前者是褒称，带有
尊敬对方的感情色彩；而后者则是贬称，带有蔑视对方的厌恶
情绪。在交际开始时，只有使用高格调的称呼，才会使交际对
象产生同你交往的欲望。因此，使用称呼语时要遵循如下三个
原则：

①礼貌原则

这是人际称呼的基本原则之一。每个人都希望被他人尊重，
而合乎礼节的称呼，正是表达对他人尊重和表现自己有礼貌修养
的一种方式。在社交接触中，称呼对方要用尊称。常用的尊称
有："您"——您好，请您……；"贵"——贵姓、贵公司、贵
方、贵校、贵体；"大"——尊姓大名、大作；"贤"——贤
弟、贤媳、贤侄等；"高"——高寿、高见、高明，"尊"——
尊客、尊言、尊意、尊口、尊夫人。

②尊崇原则

一般来说，汉族人有从大从老从高的心态。如对同龄人，可
称呼对方为哥、姐；对既可称"爷爷"又可称"伯伯"的长者，
以称"爷爷"为宜；对副科长、副处长、副厂长等，也直接以正
职相称。

③适度原则

许多年轻女性往往对人喜欢称师傅，虽然亲热有余，但文
雅不足且普适性较差。对理发师、厨师、企业工人称师傅恰如其
分。但对医生、教师、军人、干部、商务工作者称师傅就不合适
了，要视交际对象、场合、双方关系等选择恰当的称呼。在与众
多人打招呼时，还要注意亲疏远近和主次关系。一般以先长后
幼、先高后低、先亲后疏为宜。

（2）称呼的方式

称呼的方式一般有五种：

①通称

也叫一般称。这是在社交场合最简单、最常用的称呼，特别是对陌生人可常用的一种称呼。这种称呼不区分听话人的职务、职业、年龄。如同志、先生、太太、小姐、女士等。

一般在社交场合，男士不论年龄大小都可称呼先生、同志；妇女不管年龄大小也都可以称呼女士；在知道对方已经结婚的情况下对女子可尊称为太太；对未婚女子一般称呼小姐，但若不知道对方婚否，则也可以用小姐称呼。

"同志"的称呼在现在的社交场合用得远比先生要少，它只在某些场合用于对政府领导、警察、军人和公务员等的称呼。在涉外场合对于女性一般都要称呼女士，这是对女性的一种尊重。

②姓名称

在人际交往中，姓名称是对于一些年龄、职务相仿，好同学、好朋友、好同事等常用的称呼语。按照国际惯例，在正规社交场合一般都要用全称，如王滋、肖惠等。

③职务称

职务称是一种以被称呼人所担当的职务来作为称呼语的称呼。如经理、局长、厂长、院长、书记等。

④职业称

职业称是一种以被称呼人所从事的职业来作为称呼语的称呼。如老师、律师、护士、服务员等。

⑤亲属称

亲属，即是与自己有着直接或间接血缘关系的人。对亲属的称呼，多年来已经形成规范，如父亲的父亲称为"祖父"，父亲的祖父称为"曾祖父"。姑、舅之子应称为"表兄""表弟"，叔、伯之子应称为"堂兄""堂弟"。对待亲属的称呼，有时讲究亲切，不一定非常标准，如儿媳对公公、婆婆，女婿对岳父、岳母，都可以称呼"爸爸""妈妈"。这样称呼主要是表示与对方"不见外"，是自家人。

对与外人交往时，亲属称在传统意义上，有敬称和谦称两种。对自己的亲属，应用谦称称辈分或年龄高于自己的亲属，可在其称呼前加"家"字，如"家父""家姐"等。称辈分或年龄低于自己的亲属，可在其称呼前加"舍"字，如"舍弟""舍侄"等。称自己的子女时，可在其称呼前加"小"字，如"小儿""小婿"等。对别人的亲属，应采用敬称，在其称呼之前加"尊""令""贤"字等。如对其长辈，在称呼前加"尊"字，如"尊母"。对其平辈、晚辈，在称呼前加"贤"字，如"贤妹""贤侄"。若在其亲属的称呼前加"令"字，一般不分辈分和长幼，如"令堂""令郎""令爱"等。

与亲属称相类似的称呼我们通常叫亲近称。对于邻居、至交，有时可称"大爷""大娘""大妈""大伯""爷爷""阿姨"等。有时还在称呼前加上姓氏，如"张阿姨""李叔叔"等。

（3）称呼的忌讳

在人际交往中，为了使自己对他人的称呼不失敬意，应避免在对人对事称呼上的一些忌讳。

①不要使用绰号和庸俗的称呼

女性不要随意给人起绰号，称呼"哥们儿""姐们儿""大腕儿"等，这些称呼不仅难登大雅之堂，而且还会给人留下没有教养的女性形象。

②不滥用行业性或地域性的称呼

师傅、老板、出家人等带有行业性；使用很广的"爱人"这一称呼带有地域性，在境外或国外往往被理解为充当第三者的情人。

③对不吉利的词语和恶言谩骂的词语要避讳

如"死"字，中国人历来就十分忌讳，并另造了一些词来表达死的含义。如百年之后、老了、去世、下世、过世、辞世、病故、病逝、长逝、长眠、仙逝、作古、不在了、远行等。再如北京地区为了避免骂人嫌疑，将沾了"蛋"字边的东西都改了名：鸡蛋叫作鸡子儿，皮蛋被叫作松花蛋，炒鸡蛋称为摊黄菜，鸡蛋汤叫木樨汤……这些言语忌讳不仅反映了人们趋利避害的思想倾向，也表示了对他人的尊重。

4. 女人参加舞会规矩多

舞会原是西方上流社会的一种重要的社交方式。"旧时王谢堂前燕，飞入寻常百姓家。"随着暖洋洋的西风吹进来的舞会，时下已成为我国老百姓普遍采用的娱乐和社交方式。不管是为了休闲还是为了应酬，舞厅都是一个让人彻底放松的地方。但是，舞会毕竟不是绝对的纯娱乐性活动，而是融娱乐与社交为一体，它既可愉悦身心、活动筋骨，又可结识朋友、交流感情。所以，在舞会上，女人婀娜的舞姿并不是最重要的，动人的谈吐，悦人的举止，迷人的风度，那才能体现出你的淑女派头，使你成为舞会的白雪公主，他人才会众星捧月似的围着你转。

无论是参加朋友的私人舞会，还是正式的大型舞会，遵守时间是首要的礼仪，要准时到达。至于什么时间离开舞会较为合适，朋友的私人舞会最好要坚持到舞会结束后再离去，也是对朋友的支持。至于其他的舞会，只要不是只跳了一支曲子显得应酬的色彩过浓就可以了。

参加舞会，给人留下难忘的第一印象，是仪容，而非舞姿。那么，舞会之前，首先就得把自己从上到下彻底地整理一番，清洗清洗周身的异味，梳梳杂草般的头发，拍拍肩上的头屑，擦擦鞋上的污垢，然后换上光彩照人的衣服，力求进入舞场亮相的一刹那，便能吸引众人的目光。

在舞场柔柔的灯光下，女士的着装要尽可能地与舞会轻松的气氛融为一体。如果是亲朋好友在家里举办的小型生日宴会等活动，要选择与舞会的氛围协调一致的服装，女士则最好穿便于舞动的裙装或穿旗袍，搭配色彩协调的高跟皮鞋。如果应邀参加的是大型正规的舞会，或者有外宾参加，这时的请柬会注明：请着礼服。接到这样的请柬一定要提早做准备，女士在正式的场合要穿晚礼服。晚礼服源自法国，法语是"袒胸露背"的意思。有条件经常参加盛大晚会的女士应该准备晚礼服，偶尔用一次的可以向婚纱店租借。近年也有穿旗袍改良的晚礼服，既有中国的民族特色，又端庄典雅适合中国女性的气质。另外，手袋的装饰作用非常重要，缎子或丝绸做的小手袋必不可少。而且露肤的晚礼服一定要佩戴成套的首饰：项链、耳环、手镯，晚礼服是盛装，因此最好要佩戴贵重的珠宝首饰，在灯光的照耀下，首饰的光闪会为你增添光彩。

如是这般，或许就可以打造一个舞会上标准型淑女，然而突发情况总是还有很多，所以机智灵活地展现自己的魅力，这样才能以不变应万变。

跳舞时候正确的姿势是抬头挺胸，双目平视前方，梗颈，使身体重心向下垂直呈平正挺拔状。男女双方相向而立，相距20厘米左右。不要紧张，也不要故意贴近对方，因为前者让人觉得你不大方，后者让人觉得你太轻浮。从容的举止能令你加分，所以不要太过局促。面部表情不要太紧张，微笑，或者还可以一起交谈，说点闲散的话题，消除彼此的紧张感，甚至可以让人在这个时候觉得你是个可亲的女性。说话的时候声音不要太大，因为距离太近，不要吓到对方，但是也不要太小，因为那样显得你的嗫嚅很不自信。要得体地应答，如果对方说了什么你觉得稍微有点过火的话，或者可以岔开话题，或者表示自己累了要休息，总之要在不伤害对方面子的情况下保护好自己。

在舞会上，按照老规矩，习惯于由男士主动邀请女士共舞。

男士邀请女士跳舞，应当向她欠身致礼，说："冒昧请您跳舞。"但是，首先要看看自己的衣着是否很整齐，扣子是否全都扣好。女士可以友好地点一下头，表示接受邀请。如果女士表现出一种讥讽或者傲慢的神气，会大伤对方的自尊心。女士这时勉强地步入舞池，不如直截了当地谢绝。如果女士有家人陪同（兄弟、父母等），男士在邀请这位女士跳舞时，应首先向她的家人施礼，说："请允许我邀您家小姐跳舞。"对这样的邀请，不必由家人出面拒绝，决定权在小姐自己。如果她先前已经拒绝跳舞，家里的男士可以说："她该休息一会儿了。"

男士在跟自己女伴以及同座的女士都跳过舞之后，才可邀请别的座席上的女士跳舞。如果男士请一位女士去餐厅，女士接受了邀请，那么，只有在这位女士应邀同别的男士跳舞时，他才可以邀请别的女士一起跳舞。受男伴邀请参加舞会的女士可以跟别的不相识的男士跳舞，但一定要事先征得男伴的同意。至于在自己单位的娱乐厅或社团俱乐部里，这方面的规矩就简单多了。

邀请之后，男士应请女士走在前面，自己跟在后面步入舞池，如果人不很拥挤，也可以挽着女士的手，一起步入舞池。到了舞池，起舞之前，男士应向女方再次鞠躬致谢。

有时会产生误会，对此也要留心。您在邀请一位女士跳舞，而旁边的一位女士误认为是在请她，于是从座位上起身。这时，您不要声明："我不是请你，而是请你身旁的那位。"而应当将错就错，同这位女士跳上一轮。

女性如果已经谢绝跳舞，那她只能在事先有约的情况下才能接受另外一个男伴的跳舞邀请。拒绝别人邀请时应当说："谢谢您，我已经约好了舞伴。"那么，一心想跳舞的人，最好再到大厅里找别的女士试试看。

一般情况下，女士是不用主动邀请男士的，但特殊情况下，需要请长者或者贵宾时，则可以不失身份地表达：先生，请您赏光。或：我能有幸请您吗？这种邀请，男舞伴无论如何都要接受。如果他由于某种十年九不遇的重要原因不能应邀，那应当请求女士在他的桌旁坐下或者陪她去酒吧间，但无论如何也不能拒绝。

通常，跳舞不能男和男为伴、女和女为伴。除非在小范围内舞伴不足时，才可以这样。假如因为男舞伴懒于应付，那么当受到责备。男舞伴应当尽量克制个人的懒惰，接受女士的邀请。

一个正常人不应该把舞蹈跟技巧运动混为一谈。做运动量适宜的体操，无人反对，但不应在饭店或跳舞的场合去做。老年人当然不应该跳些特别的舞姿，但对于年轻人，我们则应该宽容地微笑着给予谅解。

跳舞时一声不吭，完全沉醉在音乐之中，不能算是严重失礼。但舞伴之间若能交谈几句，则是礼貌的优良风度的表现。谈话，一般应由男的开头，而不是女的。女的可以对对方舞技说几句称赞的话，不能冷若冰霜，让人一眼看出你想和别的舞伴跳舞，仅仅为了礼貌在应酬。这种行为太不近人情。

在饭店或舞场里邀请女士跳舞，不必作自我介绍。如果跳了好几轮，可以在跳过第三轮或第四轮后作一下自我介绍。这时，女士不必通报自己的名字。如果男舞伴被女士请到她的座位前，那么他应当跟她所有的同伴相互认识一下。跳完了舞，男舞伴一定要挽着女士的手走到她的座位前，或者让女的走在前面，自己跟在后面。男舞伴应当为能一起跳舞向她表示谢意。

邀请他人共舞理当彬彬有礼，被邀者也该落落大方，这是跳舞者良好礼仪修养与文化素质的体现。然而，在舞会上也常常出现一种情形，即被邀请者推拒他人的共舞邀请。但无论何种理由，推拒更应当注重礼仪。

一般而言，被邀请的女士最好不要随便推拒他人的邀请。如果确要推拒，则应十分有礼貌地微笑着向对方陈述推拒的理由：

"对不起，我有点累，想休息一会儿。"

"对不起，我不大会跳快步舞，请原谅。"

如果已经答应了他人的邀请，则应对再邀者说明："对不起，已经有位先生邀请了我，等下一曲，好吗？"

当下支舞曲开始后，那位邀请者再次相邀时，在确无特殊情况下，应欣然随之起舞，不可再次推拒，否则有出尔反尔、故意戏弄他人之嫌。

已经推拒了他人之邀，如一支舞曲未了，就不应再接受其他男士的邀请了，否则，便会被看作是对前一位邀请者的轻视和无礼。

当两位男士同时发出邀请时，最为得体的办法是以婉转的理由将两位均予谢绝。

如果男女人数相等，结伴参加舞会，相互调换舞伴会自然而和谐，并会因彼此熟识而感到融洽欢悦。此间若有其他男士邀请其中的某位女士，不可一概推拒，更不能以"我不认识你""我不跟你跳，我有伴了"之类的非礼之语相向。这种生硬无礼的语言既伤害他人的自尊心，使人陷入极为尴尬的境地，又会因缺乏礼貌和修养而损害自己的形象。

5. 女人打电话应讲究的礼仪

电话交际是现代人常用的交际方式，双方的声音、态度、举止虽远在千里之外都是可以感受到的。只要听听电话的交谈内容，就可以判断一个女人的修养水平和社会化程度。为了正确使用电话，树立良好的"电话形象"，无论发话人或受话人，都应遵循电话应对的"四原则"——声音谦和、内容简洁、举止文明、态度恭敬，把握好打电话与接电话的礼节。

阿梅是某洗衣机公司在北京的代理商。中午轮到她值班，她手里捧着一本小说正看得入迷，电话铃响了五六声，她终于不紧不慢地接了电话。

"喂！"她拿起电话，没有报自己公司名称，懒洋洋地回答对方。

"您好，请问这里是洗衣机代理吗？"对方问。

"是。"阿梅回答。

"您好，我想买一个××牌的洗衣机，请您介绍一些型号。"对方又问。

"我们的洗衣机分好几种，你想要哪种？"阿梅冷漠地反问。"小姐，我不明白，洗衣机就是洗衣机，还要分什么种类？不就是按大小来分种类吗？"对方困惑地问。

"当然要分，有的能甩干，有的不能甩干。"阿梅随手摸了一块饼干填进嘴里……

"等我想一想再决定吧。"对方挂了电话。

不要以为电话中谁也见不到谁，所以想说什么就说什么。其实，正因为电话中谁也见不到谁更应该注重礼节。下面是一些不容忽视的电话礼仪经验，请女士们务必注意：

（1）打电话的礼节

①选择通话时间

应根据受话人的工作时间、生活习惯选好打电话的时间。比如，白天宜在早晨8点以后，节假日应在9点以后，晚间则应在22点以前，以免受话人不在或打扰受话人及其家人的休息。如无特殊情况，不宜在中午休息时和一日三餐的常规时间打电话，以免影响别人休息和用餐。给单位打电话时，应避开刚上班或快下班两段时间，还要特别注意其所在地与国内的时差和生活习惯。要注意通话长度，遵循电话礼仪的"三分钟原则"，即每次通话的时间应限制在三分钟左右为宜。不要打电话给在家的人谈公事。使用公用电话，如打电话的人较多，应自觉排队。自己的电话一时拨不通，应让别人先打。

②打电话前的准备

在电话中应该说些什么，一次电话该打多久，打电话前应有"腹稿"。如怕遗漏，可拟出通话要点，理顺说话的顺序，备齐与通话内容有关的文件和资料。打电话之前，要核对所打电话号码，以免打错，同时要调整好自己的情绪。电话拨通后，应先向对方问候"您好！"接着问："您是×××单位吗？"得到明确答复后，再报自己单位和姓名，然后报出受话人姓名。如受话人不在，可请人转告，或过一会儿再打。如拨错号码，应向对方表示歉意。说话要直言主题，简明扼要，长话短说，不要丢三落四。有的人爱煲电话粥，要知道这是不礼貌的，尤其是晚上。因此，打电话之前一定要先拟好要点，以免惹人讨厌。

③拨错号码

当拨错号码时，应赶紧对接听者致歉说"对不起"。不能说："真见鬼了，怎么把号码拨错了！"更不能不说话就挂断，弄得神神秘秘，让对方摸不着头脑。

④通话遇故障

若打电话时电路出现故障，使谈话突然中断，依礼需要由发话人立即再拨，并说明故障。

⑤通话终止

在通话终止时，应注意说"再见"，并轻轻将话筒放下，不要用力一摔，令对方大惊失色。

在通话的整个过程中，受话人在接电话时，虽然处于被动的位置，但也不可因此在礼仪规范方面得过且过，不加重视。根据礼仪规范，受话人接电话时，由于具体情况不同，分为本人受话、代接电话等。

（2）接电话的礼节

①及时接听

电话铃响后应马上接听。电话铃响后应遵循"铃响不过三声"的原则，不能耽搁。接电话时态度应当谦和，最好是双手捧起话筒以站立的姿势面带微笑地与对方通话。并备好电话记录本和笔，准备做通话记录。拿起听筒后，应先说一句礼貌语："您好！"或"早上好"，再报自己的单位或姓名，然后问对方找谁，切忌只问不答或与旁人说笑。如遇紧急情况要暂停通话时，应致歉并说明原因。如果自己不是受话人，应热情传呼，不能把听筒一丢，就大叫"张三电话"，这对发话人和受话人都是失礼的。应热情告诉对方："请稍后，他马上就来。"如果找的人不在，则要重新拿起话筒，询问对方是否需要转告，并记下对方的电话号码和姓名，不可表现出冷淡或厌烦，不能让对方久等，或一挂了之。如接到别人打错的电话时，应以礼相待，并耐心听清对方要找什么单位、什么人，尽可能为对方提供所要的电话号码，不可指责、辱骂对方。

②最好不用免提

作为一个女性，你冲着免提电话大声说话，这不仅影响形象而且是很不礼貌的。如果必须使用免提电话，则须遵循如下礼规：一是不要在对话的一开始就使用免提电话。二是要使用免提电话时，要先征询对方意见，并解释原因，如说："张三、李四将和我们一起完成这个项目。所以我希望他们也听听我们的对话。"三是介绍在场的每个人。四是一次只能一个人讲话，而且应靠近电话机。每个人讲话时先自我介绍，如中途离开换人讲话，要打招呼。总之，免提电话只在需要时使用，平时则要慎用。

③接电话的声音

留心自己在电话中的态度和声音，然后尽量使自己的声音更悦耳一些，也就是说，铃响时请微笑接电话，然后说"喂！"好像你很高兴有人来电一样，这样做与闷声闷气，不耐烦，或者含糊敷衍的应答相比，哪一种更为人所接受呢？回想一下自己打电话的经历，结论是不言而喻的。

④应对谦和

接电话时，受话人应努力使自己的所作所为合乎礼仪。拿起话筒后，即应自报家门，并首先向发话人问好；在通话时，不论是何缘故，都应聚精会神地接听电话；当通话终止时，不要忘记向发话人道"再见"；若接听到误拨进来的电话，要耐心向对方说明。

（3）用好"电话语言"

①注意"电话形象"

女性电话语言，不仅要坚持用"您好"开头，"请"字在中，"谢谢"结尾，更重要的是控制语气语调。如果你是一位有着美丽的嗓音的女性，再加上你与人通话时态度谦恭，语气热诚，语调温和而富有表现力，音量适中，快慢适当，措词准确，语言简洁，口齿清晰，并且用的是"带微笑的声音"，声音甜美柔和，彬彬有礼，那么，你将大受欢迎。另外，你还要对发话者说的事感兴趣，给对方以愉快、亲切，可以信任的感觉。特别是有关时间、地点要交代准确，使人感到亲切自然，切不可高声大喊、装腔作势或拿腔捏调、嗲声嗲气，更不能粗暴无理。

通话时还要注意举止文明，以端正的体态接打电话。发话者最好起身站立，双手握持话筒，使口部与话筒之间保持3厘米左右的距离。不能把话筒夹在脖子下，或是趴着、仰着，坐在桌角上与人通话。拨号时，不能以笔代手，或边打边吃东西、边抽烟。

②认真倾听礼貌应答

平时在电话机附近应备有电话号码簿、电话记录本和笔。懂得倾听的女性是聪明的女性，当你接电话时应放弃一切闲谈和停下其他工作，认真聆听发话人的谈话和要求，重要内容还要边听边记，并向对方复述一遍，以便校正。在通话中，应礼貌地呼应对方，适时地应声附和，不时地"嗯""哦"一两声，或说"是""好""对"之类的话语，让对方感到你是在认真倾听，不要默不作声，不要轻易打断对方的谈话。如发觉电话内容不宜为外人所知或有急事需要处理时，可委婉告诉对方："我身边有客人"或"我有急事要处理，等一会儿我再给您回电话。"如获知有人来电话找过自己，不管对方是否要求回话，都应尽早回话，如隔时较久，给对方回话应表示歉意并解释原因。

（4）"电话结束语"不能马虎

电话通信，一般由发话人结束谈话，你作为受话方应等对方挂机后再放下听筒。不要仓促挂断电话，甚至对方话未说完就挂断电话。临近通话结束，应礼貌道别，向发话人说一声"麻烦您了"，或高兴地说"再见"，如果你讲完就直接把电话放下，什么话也没说，对方会以为他是被切断的。

以上是有关电话的种种礼节，作为女性你若能学习它，然后加以运用，必能成为受人欢迎的女性。通话最能反映一个女人的作风、礼仪品质和综合素养。尽管不是面对面交谈，从通话的语气措辞、表情声态、姿势动作中，可以看出一个女人的整体形象。通话一定要注意通话礼节，遵守礼仪规范。

第三章

高贵品质，
女人的魅力之源

　　高尚的女人除了能得到别人的认可，也能得到别人的尊重。女人都想让自己的美丽变成一种永恒、让自己并不出众的容貌变得更加迷人。其实这一切都很简单，很容易做到，在举手投足之间表现得高尚一点，表现得善良一点，这种迷人的光环就会在你身边萦绕。

1. 宽容的女人最有人缘

福克斯说得好："只要你有足够的爱心，保持尊重和宽容的心态，你就可以成为全世界最有影响力的人。"是的，没有人会拒绝一个宽容的女人，也没有人不愿与宽容的女人做朋友。因为但凡有宽容胸襟的女人，其心中必然是温暖和风、清风明月，全无半点瑕疵、晦暗的东西。

倘若一个女人今天记恨这个，明天记恨那个，那么她的朋友会越来越少，对立面越来越多，这会严重影响女人的人际关系和社会交往，使自己成为"孤家寡人"。

是的，我们必须承认要做到宽容很难，因为活在这个世界上，不管我们愿意与否，都会经历这样那样的不如意。亲友感情不睦，邻居相处不和谐，同事之间不团结，朋友之间的误会，都有可能使女人陷入悲伤、痛苦的感情沼泽，气愤、怨憎的情绪也会随之滋生。女人在憎恨别人的同时，也在自己的心灵深处种下了一粒苦果，不断地伤害着自己的身心健康，而且面对大小琐事，倘一一计较，便会心累至极。不分昼夜地为他人而生气，待心情回转过来，再去作一番分析，便会发现实在不值，亦不必。因此，女人应以宽容的态度谅解别人的过错，消除彼此之间的误会，化解矛盾，从而使自己始终保持舒畅的心情生活与工作。这样，宽容的是别人，受益的却是自己。

在人生的道路上，我们不妨学着豁达一点，宽容一些，女性朋友们可以试着从以下方面入手。

（1）学会理解别人

当发生什么意外的事情时，不妨设身处地地站在别人的角度来思考一下，这样你或许会发现自己也应该承担一半的责任。学会理解别人，体会他们的苦衷，你的抱怨和烦恼就会少很多。

（2）保持乐观

一个悲观的人总是很容易想到事情不好的一面，而且心情比较压抑和郁闷，所以总会对别人不满或者生气。虽然有的人平时很好，可是一旦遇到什么事情就悲观起来，这也不算真正的乐观。真正的乐观是不论在什么时候都可以给自己鼓励和希望，并且相信自己。

（3）不要斤斤计较

斤斤计较，只会让别人觉得你是个小肚鸡肠的人，只会让你一时觉得占了便宜或者没有吃亏，但是心里也很难受。如果你是一个宽容的人，就不会在乎朋友的失约等小事，烦恼也就少很多。

（4）不要对自己失望

现实生活中，没有完全相同的两个人，每个人都有每个人的社会经历和教育背景，也都有自己的处世方法和做人原则。所以不要拿别人的标准来要求自己，更不要对自己失望。

（5）放开眼光

不要老是把眼光放在自己的小圈子里，鼠目寸光的人永远只能看到眼前的一点利益，所以要学着把眼光放长远一点。一个人要想真正实现自己的价值，仅仅局限在自己的小圈子里是不行的，必须发掘自己的潜能，为他人、为社会做出一点贡献。一个有全局意识和集体意识的人才会真正得到大家的认可和尊重。

（6）培养业余爱好

培养丰富的兴趣爱好，多参加社会活动，多交朋友。这样一方面可以帮助你陶冶情操，培养健康的个性，消除心理压力和消极心理；另一方面也可以帮助你建立良好的人际关系，学会互帮互助，避免狭隘的心理，学会宽容。

2. 知足的女人才能常乐

追求幸福、满足欲望，是人与生俱来的本能。一个人有所追求是有激励作用的，但是不能超出自己的能力和实际情况，更不能使用违法的手段来获取。这就要求要有一颗知足的心，不能要求过高，才能保持心理的平和与快乐。

知足常乐也是道家精神修炼的重要内容。老子提倡少私心，寡欲望，知足常乐，反对贪婪的修炼思想。老子认为："祸莫大于不知足，咎莫大于欲得。故知足之足，常足矣。"

世上没有比不知足更大的灾祸了，只有知足，才能经常感到满足，身心清静，长生久视。在声色犬马、充满诱惑、尔虞我诈的古代社会里，能尖锐地提出摒除一切私欲的干扰，知足常乐，以求长生久安的修炼思想，可见道家精神修炼的高境界。

司马承祯说："知生之有分，不务分之所无；识事之有当，不任非当之事。事非当则伤于智力，务过分则毙于形神。"又说："衣食虚幻，实不足营。""虽有营求之事，莫生得失之心。"他的意思是说，不让得失之心牵着自己的鼻子走，才能做到知足常乐。

有这样一个关于乡下老鼠和城市老鼠的故事。

城市老鼠和乡下老鼠是好朋友。有一天乡下老鼠写了一封信给城市老鼠，信上这么写着："城市老鼠兄弟，有空请到我家来玩，在这里，可享受乡间的美景和新鲜的空气，过着悠闲的生活，不知意下如何？"

城市老鼠接到信后，高兴得不得了，立刻动身前往乡下。到那里后，乡下老鼠拿出很多大麦和小麦，放在城市老鼠面前。城市老鼠不以为然地说："你怎么能老是过这种清贫的生活呢？住在这里，除了不缺食物，什么也没有，多么乏味呀！还是到我家玩吧，我会好好招待你的。"

于是，乡下老鼠就跟着城市老鼠进城了。

乡下老鼠看到那么豪华、干净的房子，非常羡慕。想到自己在乡下从早到晚，都在农田上奔跑，以大麦和小麦为食物，冬天还要不停地在那寒冷的雪地上搜集粮食，夏天更是累得满身大汗，和城市老鼠比起来，自己实在太不幸了。

聊了一会儿，他们就爬到餐桌上开始享受美味的食物。突然，"砰"的一声，门开了，有人走了进来。他们吓了一跳飞也似的躲进墙角的洞里。

乡下老鼠吓得忘了饥饿，想了一会儿，戴起帽子，对城市老鼠说："乡下平静的生活，还是比较适合我。这里虽然有豪华的房子和美味的食物，但每天都紧张兮兮的，倒不如回乡下吃麦子来得快活。"说罢，乡下老鼠就离开都市回乡下去了。

一个人对生活的期望不能过高。虽然谁都会有些需求与欲望，但这要与本人的能力及社会条件相符合，不能生贪婪之心。"知足"便不会有非分之想，"常乐"也就能保持心理平衡了。我们应该像那只乡下老鼠一样，更看重自己已拥有的生活，再心平气和去改进问题与不足。对于别人的优越，你再气，也于事无补。反倒是伤害了自己的身心，有什么好处呢？

对现实和已拥有的不满足，这无异于给你本来已经很沉重的生活再添重负。如果没有知足常乐的心态，当周围的女人最近添置了什么饰物时，你就会向往，并决心超过她；当某位女同事有了什么样的房子时，你也会在老公面前发牢骚；当邻居的孩子读了什么重点学校时，你也要攀比攀比，让自己的孩子也去上……而当所有的这些不能得到满足时，你就会陷入严重的心理不平衡，或者为了得到它们而忘记做人的基本准则和规范，最后生活变得愈加沉重、愈加没有情趣、愈加感到压抑。

其实，生活中并没有多少永远属于你的东西。很多东西，会在我们的人生旅途中渐行渐远直至消失。比如青春，比如名利，比如岁月，比如财富……而更多东西，就在我们毫无预知中已悄然消逝，当我们回首时，连踪迹也遍寻不到，仿佛从来没有在我们的生命中出现过一样。因此，许多东西并不值得拼命去追求。

在生活中，许多东西都是能够让人知足的，只要你心存一份爱心。比如，一家人围坐在餐桌上吃可口的饭菜；边忙家务边看丈夫和儿女在一起嬉戏，让一天的疲劳在笑声中消失；闲暇时坐在自己的小天地里看看书、写写字，回答儿女总也问不完的问题；双休日和丈夫、儿女背上行囊，远离城市的喧嚣，到田野、去山间感受大自然的清新；和丈夫漫步在洒满月光的小路，闻花儿的淡淡幽香，听虫儿的低吟浅唱……这些都能让你沉浸在幸福的温馨中。

如果你是一个知足常乐的女人，拥有一份自由职业，没想过要发大财，也不追求大富大贵的生活，只希望一家人和和睦睦、平平安安、健健康康，你就会心安理得地满足于生活的每一天。你会和大多数女人一样，逛逛商店，买几套合体的衣服，把自己打扮得整洁又光鲜。或者，没事时上上网，和网友聊聊天，说说心中的快乐和烦恼、听听网友们的倾诉；也进网站读读小文章，徜徉在文章真实而感人的情节里……

3. 女人谦虚才能赢得尊重

饱满的麦穗总是低垂着，自然界里不乏这样的现象，人生亦如此，谦虚的人生才是"丰盛"的人生。

日常生活中，人们惯于津津乐道自己最高兴、最得意的事。事实上，即使是你怀有最大兴趣的事，有时也很难引起别人热烈的响应，而且还让人觉得好笑。"那一次纠纷，如果不是我给他们解决了，不知还要闹多久，你要知道他们不把任何人放在眼里，不过当着我的面他们就不敢含糊了。"即使这次纠纷确实是你调解解决了，可是一句"当时我恰巧在场就替他们调解了"，不是更让人敬佩？一件值得称道的事，被人发觉之后，人们自然会崇敬你。但假如你自己不讲究技巧，一味地夸夸其谈，最后必然会遭到大家的蔑视。

美玲是人如其名，一米七的身高、俊俏的脸蛋、苗条的身材，怎么看都是一个十足的美人，更为重要的是美玲还能讲一口流利的英语，这也是她最为得意的资本。刚进公司的时候，上司陈娜对她很亲切，但在一次跟外商谈业务的聚会上，美玲出尽了风头，她得意地用英语跟外商海阔天空地交谈，并频频举杯。她以她的高贵与美丽成了整个聚会上的焦点人物，而把上司陈娜冷落到了一边。聚会结束没多长时间，美玲就被调到了一个不太重要的部门了。

美玲一点不谦虚的表现，自然让上司陈娜沦为配角。她在公众场合喧宾夺主，旁若无人地与上司抢"镜头"，使上司陷入尴尬的处境，上司当然不愿意把这样的下属留在手下了。

一个智慧的女人，知道什么时候该表现自己，什么时候该收敛自己，一个收放自如的女人，一定是一个有强大气场的女人。学会谦虚对女人很重要，正如明人陆绍珩所说：人心都是好胜的，我也以好胜之心应对对方，事情非失败不可。人情都是喜欢对方谦和的，我以谦和的态度对待别人，就能把事情处理好。

有一位在一流企业担任要职的领导荣升为经理，在就职的发言中她说道："我一向对数字感到头痛，所以以后还请大家多多帮忙！"

就这一句话，把为了迎接能干的经理而战战兢兢的属下们的紧张感一扫而空。但是，后来的情形却恰恰相反。当属下提出书面报告时，她一眼就看出了差错："这地方数字有错哟！"她若无其事地督促其注意。这个指正其实很细微，但却相当重要。这样继续一段时间，便会给下属留下这样的印象："这经理明明说她什么都不懂，其实相当不含糊呢。"

想赢得他人的好感，就应适当地隐藏自己的实力。因此，女人应该学会谦虚。谦虚是一种好品质，它可以帮我们赢得他人的尊敬。

做一个谦虚的女人，要注意以下几点：

（1）谦虚不是谦让

要谦虚，但不能太谦让。谦让是一种好品格，但在社交场合中若谦让太多，常会与很多机会失之交臂。在交际中，很多人的缺点就是谦让太过。把好多事推给别人，常表现为"足将行而趑趄"的犹豫不决，这样就丧失了很多机会。

（2）谦虚不等于太多礼貌和客气

与人来往应当注意礼貌，尤其是刚认识的朋友。但是过分的客气却像一道无形的墙，妨碍双方的进一步交流。人之相交，贵在知心。

（3）谦虚不等于太多自责

对交际中的失误常作检讨，以便及时纠正，当然是好事。但过分自责无异于因噎废食，作茧自缚。因为，任何人在交际中都不可能完全没有失误，即使是德高望重的领袖人物，失误也在所难免。当你自责不已时，那些在场的人士或许对你的失误早已忘却了。更何况，当你下次以新的形象出现在交际场合，且一一纠正了以往的失误时，大家自会对你另眼相看。

4. 懂得感恩的女人有气场

　　"活着真累""生活真苦""社会太乱""人情太淡""现实残酷"……诸如此类的抱怨常常在我们的耳边响起，仔细想想的确如此。可是如果活着不累，生活不苦，社会不乱，人情浓厚，现实理想……一切都朝着好的方向发展时，抱怨就会消失吗？我想很难，因为人性有许多的弱点，"人心不足蛇吞象"就是其中之一。所以要想消除抱怨，并不是满足人们的一切需求就可以的，而是要人们懂得感恩。

　　英国作家萨克雷说："生活就是面对一面镜子，你笑，它也笑；你哭，它也哭。"你感恩生活，生活将赐予你灿烂阳光；你不感恩，只知一味地怨天尤人，最终将一无所获。幸福时，感恩的理由很多，殊不知不幸时更应该感恩生活，它使我们得以成长，激发我们挑战困难的勇气。

　　一个自小就患脑性麻痹的女人，失去了肢体的平衡和发声说话的能力。然而，她昂然面对，征服了许多的不可能，最终获得了美国加州大学艺术博士学位。有一次，一个记者在采访中问她："你从小就长成这个样子，你怎么看自己，有没有怨恨过呢？"只见她在纸上写道："我的腿长得很美；爸爸妈妈爱我；我会画画，会写稿；还有……"她将自己的不幸通通抛下，把自己的人生定义成幸福的。最后，她写下这样一句话："我感谢生活赐予我的一切，心怀感恩让我拥有了坚强的力量，拥有了成功的希望和动力。"

没有一个人的人生是一帆风顺的，生活的苦辣酸甜每一个人都要品尝；人生的四季也不可能只享受春天，有温暖的春天也必会有寒冷的冬日。每个人的一生都注定要跋涉沟沟坎坎，品尝苦涩与无奈，经历挫折与失意。

尽管如此，我们仍要心怀感恩。因为艰难险阻是人生对我们另一种形式的馈赠，坑坑洼洼也是对我们意志的磨炼和考验。落英在晚春凋零，来年又灿烂一片；黄叶在秋风中飘落，春天又焕发出勃勃生机。

在人生路上，试着放下你的抱怨。事事追求如己所愿，是不大可能的，因为在这个世界上，没有完美。也不要总是抱怨事情不顺，抱怨世道不公，抱怨别人对自己的骚扰，抱怨他人做得不好，这些虽是最容易做的，却是最没用的。

抱怨人人都会，但从抱怨中得到好处的人却从来没有。事实上，在抱怨中，真正受到伤害的并不是被抱怨对象，而只能是抱怨者本人。不仅如此，抱怨也是一个人最懦弱的表现，它只会让抱怨的人更加不如意，内心增添更多的愤慨，所以与其抱怨，不如感恩。对生活怀有感恩的人，即使遇上再大的灾难，也能熬过去。而那些常常抱怨生活的人，即使遇上了幸福，在他们那里也会变成不如意的事情。所以，我们应该以一种"感恩"的态度去面对一切，把自己摆在别人的位置上，站在对方的立场上看事情，也许这样会更容易理解对方的观点和举动，在多数的时候，一旦你这样做，那么你的抱怨不仅会烟消云散，也不会迁怒于人。

感恩是一种美好的心境，是女人心灵的净化剂，是女人魅力气场的原动力和内驱力，女人要学会用一颗感恩的心对待生活中的点点滴滴。

（1）感恩父母

父母是女人来到这个世界之后，一直陪伴左右的人。他们会在你伤心难过时，陪在你身边，为你加油，给你鼓舞与支持；在你成功时，站在幕后，默默为你高兴。他们的爱很平凡，却比一切情感更长久、更贴心。女人在岁月的河边沿河行走，有了父母大爱的滋润浇灌，才不会感到孤单。感恩父母，就是自己在外面潇洒时，想想父母在家里是否感到孤独。

（2）感恩身边人

无论是谁，只要曾经在你的生命里出现过，给过你帮助，给过你恩惠，哪怕是微不足道的，你就应该心存感恩。得到别人帮助时心存感恩，就会让你在别人遇到困难时伸出援助之手；与朋友发生矛盾时心存感恩，就会让你想起往日他对你的关心帮助，化解心灵的隔阂，使友谊常在。

（3）感恩生活

对生活心存感恩，就不会有太多的抱怨。世上没有十全十美的事物，许多事情往往都是双刃剑，若女人只看到刀刃的一面，受伤的永远是自己。

（4）感恩工作

对工作心存感恩就会忠诚敬业。即使是为公司做出了巨大贡献，女人也不应居功自傲、目中无人，仍要心存感恩，感恩你和公司一起成长，感恩公司为你提供了施展才能和抱负的舞台，感恩领导对你的信任、重用和同事对你的大力支持。在你向着既定目标努力奋斗的过程中，只有心存感恩，才能获得继续前进的内驱力。

（5）感恩自然

四季交替中，女人会感受到大自然不同的呵护和关爱。寒冷的冬日，早晨第一缕阳光透过窗户照在你的床头，你会感到那仿佛母亲温暖的手抚摸着你；夜晚来临，月亮像个多情的人，将一片幽辉洒在你的床前，静静地听你诉说心中的话。蓝天给你以自由遐想，大海给你以深沉雄浑，草原给你以宽广邈远，高山给你以坚毅勇敢，流水给你以柔情缠绵，这些美好会增加女人幸福感。因此，女人没有理由不对大自然心存感恩，尽自己所能去保护大自然。

女人心存感恩，就会看到生活的美好，发现自己身边的幸福，就会以更加积极的心态去面对生活，而周围的人也会因为她的感恩的心而更加喜欢和亲近她，无论她走到哪里，都会受到人们的欢迎。

5. 自信的女人最美丽

自信心是女人对于自己能力和行为所表现出的信任情感。一个女人有了自信心就有了克服困难的精神动力。人生其实有很多需要自信的时候，在那些时刻，不同的选择就代表了不同的未来。所以，对女人来说，你更要敢于面对。要知道，这个社会有很多机会需要女人去抓住。

李文静是中国农业大学的一名普通女毕业生，家里也没有什么背景。如果只是看她的教育背景，你很难想到她能够成为外企的高级主管。她成功的原因很简单，那就是她敢于有梦想，也相信自己的能力，并且她一直没有放弃。

因为教育背景不是名牌，李文静的第一份工作并不算好。为了改变自己，她花去了大半个月的工资去学外语，开始了漫长的充电之旅。

她先后上过不少外语培训班，也上过北外一些著名的语言进修班，为此她花费了不少钱。不过，得到的回报是她的英语突飞猛进。能力提高了，她也更加自信了，对自己的未来更充满了信心。

于是，李文静决定去外企应聘。凭借出色的外语，她顺利地进入了外企。

从此，她有了自己发展的平台，而且很快就被提拔为办公室的主管。

所谓"自信"，就是信任自己心灵的力量。因为有信心，潜藏在你意识中的精力、智能和勇气才会被调动起来，你给人的感觉是蓬勃向上、富有朝气的，而不是自卑者无精打采、神色黯然的颓废。在处理事情的时候，你挥洒自如、灵活应变，而不像自卑者那样优柔寡断、畏畏缩缩。自信的人常常带着温暖的微笑，传递着坦然的气息，没有任何抵御外界的意图，他们敞开着胸怀，准备迎接所有的人和所有的挑战，没有丝毫拒绝的姿态，因而一旦别人感受到这种氛围，就会乐于与之接近。

有些人不自信确实因为有某些客观的缺陷或者不足，也许是因为身材矮小，也许因为眼睛很小，或者因为说话口吃……总之，那些人总是能给自己找出一大堆确确实实存在的理由。但是自信是没有任何借口的！

一个女人，你心里想什么，就要努力去做什么。征服畏惧，征服自卑，建立自信最快、最切实的方法，就是去做您害怕的事，直到您获得成功的经验。

自信心往往可以产生你想象不到的力量，它是一种我们看不见的力量。当一个女人拥有了自信，整个人就会焕发出不同一般的光彩。它会使你无所畏惧，会让你勇往直前。

自信，可以让一个相貌一般的女孩子变得漂亮动人。当平凡的相貌因为自信而光彩焕发的时候，你不得不赞叹造物主的神奇。

自信的女人有一种不一样的吸引力，她可以让女人更妩媚生动，更光彩照人，也可以让女人更坚强更有勇气，去面对生活中所遭遇的艰难困苦，在挫折面前不低头，坦然地去面对，自信让她相信自己可以去克服所有的困难；并不断地完善自己，努力使自己趋于完美。虽然我们知道人无完人，这世上没有真正的完美的人，但是能自信地让自己向完美靠近，怎能说这不是一种最美呢？因为这样的自信，让女人看到了自己本身的价值，看到了自己的魅力，看到了生活中的美好一面。

自信的女人是最美丽的，缺乏自信总是少了点什么。恋爱时，如果缺乏自信，总是患得患失，心事重重的样子，让她的脸上失去了恋爱中人应该有的光泽，少了爱情带来的快乐而变得不那么生动美丽。而自信时，即使她不是一个美丽的女孩，也会因为爱情的滋润让她整个人灵动俊秀起来，成为最美丽明朗的女子。做新娘的时候如果缺乏自信，少了对将来的自信，即使这一天打扮得很漂亮，也总是缺少了一点动人心弦的光彩；而自信的新娘，因为坚信自己是最美丽的新娘，坚信自己拥有了最好的另一半，坚信自己找到了所要的幸福，坚信从此会和那个他营造一个温馨的和谐的家，这样的坚信让她的脸上被亮丽的润泽所笼罩，成为最美丽动人的新娘。在成为母亲的时候如果缺乏自信，就会顾虑忧心，怕自己胜任不了母亲这个角色，那些焦虑让她失去了作为母亲的风采，而自信的女人在成为母亲时，认定自己将是个最称职的母亲，自信在她的哺育下宝宝会健康地成长，自信在自己的引导中会让宝宝成为一个有用的人，这么自信的母亲，她脸上焕发出的向往是最拨动人情感的美丽。

女人的自信是美丽的，它让你拥有一种特有的气质，一种具有震慑力的向心引力。不管你的外表是否真的漂亮，只要你有自信，你就拥有了美丽；只要你有自信，你就拥有了人生的价值；只要你有自信，你就拥有了世界；只要你有自信，你就拥有了完美；只要你有自信，你就拥有了所有……如果没有自信，就算外表很美，也失去了应有的动人心魄的一面，就此黯淡起来。

所以，自信对于女人是很重要的一种品性，如果您想做个美丽女人，那么，请扬起你自信的头颅吧，让自信的微笑时常挂在您的嘴角，相信无论何时何地，你都会成为最美丽动人的女子，成为生活的主角。

6. 拥有一颗善良的心

人人都知道："人之初，性本善。"但当我们经历了人生百态之后，心中是否还存留一份善呢？或许我们有，可是否早就被各种诱惑所腐蚀了呢?

《菜根谭》上有这么一句话:"行善之人,有如芝兰之草,不见其长,但日有所增;作恶之人,如磨刀之石,不见其灭,但日有所损。"翻开历史长卷,多少行善之人,他们都流芳千古,永远为人们所敬仰与怀念;而那些恶人,他们的坏名则遗臭万年,永远遭受世人的唾弃谩骂。即使不谈死后如何,只谈每个人的一生,一颗善良的心也是幸福快乐的需要。

一个关于丑女和美女的故事,可以解释这个问题。

有一个人投宿到一家客栈里。店主人热情地接待他,并向他介绍自己的家人。这个人发现主人有两个小妾,一位楚楚动人,一位相貌丑陋。

奇怪的是,店主偏偏宠爱那个丑女,而冷淡那位美女。他便打听缘由。店主就告诉他,那个长相漂亮的女人,自恃美貌却轻视他人,我越看越觉得她丑;而这个看起来丑陋的女人,心地善良,通情达理,令我越看越觉可爱,所以,我一点也不觉得她丑陋。

说到这里,正好那位漂亮的小妾昂首挺胸地走过来,主人连看都不看她一眼,对这个人继续解释:"瞧她这德行,实在叫人生厌,她哪里知道什么叫美,什么为丑!"

这个故事诠释了一个女人"美丽"的真正含义。

女人真正的美丽,是内外兼修的美,是外在与内心和谐统一的美。这是任何一个成熟男人所知悉的。

男人到了中年时就会发现:原来,女人的美丽不在外表,而在具有包容心和好脾气。

　　男人选女友时，第一都是看身材和脸蛋，人品性格和脾气通通不管，但当考虑到妻子人选的时候，女人的美就不再那么重要，他会综合考虑其他的很多因素，比如她的性格、品质等。

　　也就是说，女人美丽的外表只是男人目光的引导者，至于他的目光停留多久，那就要看这个女人其他的魅力了。正如德国诗人歌德说过的："外貌美只能取悦一时，内心美方能经久不衰。"

　　当一个女孩真正拥有善良美德的时候，她才是最美丽的时候，这样的女孩就像一块闪闪发光的宝石，不仅照亮了自己，更照亮了别人的心灵。

　　对一个女人来说，真正的美丽是从心开始的，如果一个人只有外表美，而没有心灵美，就好比是正数乘以负数，结果还是负的。

　　如果一个女人只懂得追求外表的美丽而不懂得追求心灵的美丽是非常可悲的。一个真正美丽的女人对美的追求不是着眼于容貌与身姿，更多的是心灵的美。当一个女孩运用心灵的力量如同运用化妆的粉扑那样得心应手时，那么她也将真正变得更加美丽。

　　有一次，医生分别对自私的女人、小资的女人和善良的女人说，如果你的生命只有三天，你会在这三天里做什么？

　　自私的女人说："我会去享受生活，花光所有的钱，好好打扮自己。"

　　小资的女人说："我会好好旅游，去看看海，去爬爬山。"

善良的女人这样说："我会像什么也没发生一样，好好陪着我的亲人走完生命最后的路。"

女人一旦拥有一颗善良的心，就会善解人意，极富感情。她可以牺牲自己的利益而去成全别人，可以俭朴却心志不变，也可以委屈而不失自尊。善良的女人不会轻易埋怨世人，不会牢骚满腹，默默地工作的同时不忘理解、体贴他人。

优秀的女人必须是善良的。之所以把善良说得如此重要，是因为善良是这个世界上最美好的一种情操，是人类先天存在的崇高的根基——"人之初，性本善"。

善良是做人最基本的品质，如果女人善良，她就是美的。这种美虽然不会马上让人觉察出来，但这样的女人却最耐人寻味。男人会感觉这个女人身上带有母性，女人会觉得这个女人更贴心。所以，多数男人都会很乖地听她的话，女人也多称她大姐。

当然，善良也是有原则的，心软也算一种善良，但问题是，不是所有的问题你都能"扛"。要分清它值不值得去"扛"？能不能心安理得地去"扛"？只有善良，又能扛住多少重负？

因为善良而受伤害的人，往往有些懦弱，甚至无知。当他们发现问题的时候，不愿意往坏处想，是不愿意去面对并解决问题，所以就以一种牺牲的精神将善良淋漓尽致地挥洒，因为在他们的心中，总是认为"善会战胜恶"。善会战胜恶当然是真理，但是，善良的妥协往往会被"恶"所利用，"善良"付出的代价也会很大。犯这样简单而重复的错误，善良就脱离了本质上的纯洁，更不能成为所谓的理由。所以，只有聪明又善良的女人才是女人中的极品。

　　女人如果又善良又聪明，当她遇到一个好男人，那就是真正幸福了；但如果缺少判断力，只有善良忍让而没有勇气抗争和改变，再遇上一个不负责的男人，那可就是最大的悲剧了。

　　有些女人，在遭受伤害后成为最"毒"的妇人，其实，那往往是女人拿善良做赌注却又满盘皆输的结果。还有的女人，受功利驱使，将女人善良的本性剥离，变得功利、贪婪、狠毒，同样不会有好结果。

　　很多漂亮女人刻意呵护自己光洁的肌肤，注重自己的一颦一笑，但她们往往忽略了内在的修养。虽然外表的漂亮可能会给人带来迷人的诱惑，但这种诱惑却很可能是暂时的，最终会让人发现这漂亮后面隐藏着丝丝浅薄。如果只凭漂亮的脸蛋，虽能得到他人一时的青睐，日久却难免让人生腻，最终被淡忘。

　　优秀的女人必须是善良的，只有用心灵才能感觉到美的存在，因为它同样源于一个人的心灵，内心的善良是这种美的先决条件。之所以把善良看得如此重要，是因为善良是这个世界上最美好的情操。

　　每个女人都应该知道，除了外貌，当初你是凭哪一点将他"拿下"的。是你的纯真、活泼可爱，还是勇敢、坚定不移？是感情细腻、温柔多情，还是开朗豁达、宽宏大量？

　　他欣赏你的这些优点并对你产生了深深的眷恋——这就是你的个人魅力之所在。

第四章

知书达理，
腹有诗书气自华

　　任何一个有才华的女子，她的才情都是用足够的知识和生活经历积累的。知书达理的女人，如火之有焰，如灯之有光，如金银之有宝气。不要得意青春的娇艳，不要满足犹存的风韵，更不要感叹岁月的无情，永远保持健康美丽、乐观向上的心态，多读好书，你便是最美丽的女人，幸福快乐的人生将会永远陪伴你！

1. 读书让女人雅致飘逸

在斑驳和浮躁的环境中，依然坚持读书的女人就像一朵静静绽放的花朵，她们因为知识而变得优雅，变得美丽。

每个女人都渴望美貌，但纵使美若天仙，也经不起岁月的磨砺，而优雅的女人纵然鬓发如雪，依然散发着十足魅力。想要这种魅力，读书是一种无可替代的方式。

读书，是件既惬意又有意义的事。不管是持卷吟诵还是信手漫翻，是端坐于书房废寝忘食还是浮生偷闲见缝插针，沾上"书"字的女人，多了一份淡定，少了一份急躁；多了一份清新，少了一份俗气；多了一份从容，少了一份窘迫。

读书让女人更加脱落尘俗，雅致飘逸。

小美与小静是一对孪生姐妹，家境贫困，姐妹俩高中没有毕业，就同时前往广州打工。姐姐小美有了钱，大部分用于买时装和化妆品了，她说，青春不美，到老后悔。而妹妹小静每月一发工资，首先去的场所却是书店。两年后，小静自学考上了大学，毕业后，成为一家报社的记者。后来，她与一个工程师结婚了，过着优雅而恬静的生活，读书依然是她生活的重要内容。而她的姐姐仍然过着有钱就买化妆品的生活，但在市场卖菜的她，再多的化妆品也遮不住时光留下的残酷痕迹。

苏轼有诗云："腹有诗书气自华。"莎士比亚也曾说："生活里没有书籍，就好像没有阳光；智慧里没有书籍，就好像鸟儿没有翅膀。"古今中外，书作为人类最亲密的伙伴，是人类永不过时的生命保鲜剂，对女人尤其如此。在岁月面前，美丽稍纵即逝，而智慧的沉积带来的却是永恒的魅力和美好的生活。在书和时装只能选择其一的时候，小静选择了书籍，博学让其貌不扬的她成为"颜如玉"。她一直不停地用知识丰富自己的人生，最终得到了自己想要的生活。

曾为英格兰女王的简·格蕾在年轻时，有一天坐在家中窗下沉迷地读着柏拉图对苏格拉底之死的美丽描述。她的父母亲都在花园里狩猎，猎狗的狂吠之声从开着的窗子里清晰地传进去。一位来访者十分惊异：简·格蕾女士竟然不参加他们的游戏！她却平静地说："我认为，他们在花园里的快乐不过是我在柏拉图那里所获得的快乐的影子罢了。"

这位高贵的英格兰女王简·格蕾，虽然她的王位和生命都很短暂，但她优雅从容的气质却是每个女人都梦寐以求的。岁月流逝可以带走女人漂亮的容颜，却无法带走女人的美丽和优雅。

一个优雅的女人必定是一个善读书之人，举手投足，自有风韵。她在唐诗宋词、中外名著中流连忘返，在散文诗歌中修身养性，如入芝兰之室，久而不闻其香，而香却在骨里。这样的女人浑身洋溢着书卷气息，言谈举止无不流露涵养聪慧，一颦一笑无不渗透清新典雅。即便她衣着简朴，素面朝天，但无论站在哪里，都是一道亮丽的风景。

优雅的生命源于高贵的灵魂，高贵的灵魂源于广博的书籍。

"书卷多情似故人，晨昏忧乐每相亲。眼前直下三千字，胸次全无一点尘"，读书破万卷的女人才能心无挂碍，思无羁绊，心态平和，可以静听潮起潮落、坐观云卷云舒。读书的女人，拥有水的柔情、山的伟岸和苍松般四季常青的品性，面对人生的风霜雪雨，困难挫折，她们有着顽强的斗志和毅力，不哭泣不落泪，用智慧重塑信心。

读书的女人懂得给予生命平等尊重，她们识人的标准不是看他或她的富有或者地位，从而让与她接触的所有人如沐春风。读书的女人懂得尺有所短、寸有所长的道理，总是喜欢发现别人的长处，远距离欣赏，近距离接触。

著名作家王玉君说："世界有十分色彩，如果没有女人，世界将失去七分色彩；如果没有读书的女人，色彩将失去七分的内蕴。爱读书的女人美得别致，她不是鲜花，不是美酒，她只是一杯散发着幽幽香气的淡淡清茶。"所以，女性们在繁忙的工作之余，请摊开一本喜欢的书吧，全神贯注地投入，从金钱、物质等世俗的欲望中解脱出来，以书怡性，以书怡情，这样你会更优雅。

读书是人生一种最好的时尚。它美容养颜，它有故事情节，有爱恨情仇，处世之道，为人的分寸，所有的答案，书里都会给你指点迷津。读过书的女人，思维活跃，心境开阔，通情达理，人见人爱，与她们相处就犹如身处一种和谐、宽容的环境里，心情愉悦，心花怒放。

所以，读了书的女人，就连面部皮肤也自然而然地变得丰润而富有弹性，美丽得让人无可挑剔。对于书，不同的女人有不同的品位，不同的品位读不一样的书。

有的女人，读思想性强、有哲理、有深度的书，她们提高了自己的人生境界，增强了才干，使自己生活得更充实。这样的女人本身就是一本书，一本耐人寻味的好书。

有的女人，只喜欢读唐诗宋词，读古今中外优美的散文，在优哉游哉的闲适中修身养性，铸就了淡泊平静的一生。这样的女人像一首诗，清新素净，非常可爱。

读书是女人的立身之本。喜欢读书的女人，学历可能不高，但一定有文化修养。有文化修养的女人大都知书达理，处事冷静，善解人意。经常读书的人，一眼就能从人群中分辨出来。特别是在为人处世上也会显得从容、得体。有人描述，经常读书的人言必有据，每一个结论会通过合理的推导得出，而不是人云亦云或信口雌黄。

读书的女人，她们以聪慧的心、宽广质朴的爱、善解人意的修养，将美丽写在心灵上。读书，使她们更潇洒；读书，为她们添风韵。她们即使不施脂粉也显得神采奕奕、风度翩翩。

读书，滋润女人的心灵，让她们知道怎么才能找到解决问题的办法。她们智商比较高，能把无序而纷乱的世界理出头绪，抓住根本和要害，从而提出科学解决问题的方法，拒绝盲目；她们做的每一步都是深思熟虑过的，而这些正是平时疏于读书的人所欠缺的。

一个充满学识的女性懂得从书本中增加自己的知识与见识。所以说，读书的女人是有魅力的女人，魅力是女人的护身符，它是比美丽更有价值的东西。女人的美丽会因岁月的漂洗而褪色，花开花落终有时，而女人的魅力却会因岁月的淘洗而放出耀眼的光华，会因岁月的深藏而散发出醉人的醇香。

读书的女人是成熟的女人，追求物质上的简单生活，灵魂中却有繁杂的要求。这样的女人身上蕴藏着极大的能量，因为她知道什么可以放弃，什么必须坚守。只有成熟的女人，才会生成自己独具的内在气质和修养，才会有自信，才会有岁月遮盖不住的美丽。这是从内到外统一和谐之美丽，从知识中增长自己的见识，理性的思考给予她属于自己的头脑，女人的神韵里就有了坦然和自信。知识为她过滤尘俗的痛苦，使她有力量抵御物质的诱惑，并超越虚浮的满足而变得强大丰富。

不断地读书学习能使女性更富有魅力。女人生得国色天香、倾国倾城，确实令人赏心悦目。可是如果美丽的外表下没有足够的文化底蕴，人们往往会说是"金玉其外，败絮其中"。所以，女人应该不断地学习知识与增加自己的见识，这样才可以成为一个有永久魅力的女性。

一个有学识的女人是知书达理的女人，是智慧彰显的内在品质，是一种人格，一种文化，一种修养，一种品位，一种美好情趣的表现。知书达理的女人，生活在自己的信念中，善于处理内外事务。知书达理的女人，美丽大方打扮得体，不时尚在前卫里，不时尚在叛逆里，更不时尚在夸张里。知书达理的女人，本色内敛自然，平淡从容，不张扬不做作，朴素中透出华丽，遇事聪明敏锐，待人善良亲切。知书达理的女人，气质典雅、清新脱俗、落落大方、温柔善良，有着天使般的心肠，一脸阳光地行走在喧嚣红尘中，满袖生香，步履从容，由内而外地散发出迷人的风情，让所有审视的眼光充满欣赏与爱慕。这样的女人总是能吸引大众的眼球，得到大家的好评，让众人难以忘怀。

一个忠于事业、热爱家庭、善待朋友，有素养有气质的女人，总是让人过目不忘，回味无穷。这种气质需要岁月的浸染、学问的充实、修养的支撑，绝非一朝一夕能修炼得来的。一个优秀的女人，必是温文尔雅、善解人意的，她的底蕴来自丰富的学识，这样的女人就是一本书，即使一辈子，你也不一定能读懂她！她的神秘、她的无须声张给人带来的震撼，她的沉稳、她的一举一动给人带来的踏实，如持久的淡淡清香，让你品味其中，不能自拔！"腹有诗书气自华。"爱读书的女人从来都不丑，爱思考的女人美丽无比。她们以书作舟，云游四海，即便安坐家中，亦能走遍万水千山。她们知书达理，凭借一举一动、一言一语、一颦一笑之优势，尽显至善至优的女性美。魅力女性懂得读书和不断学习，在享受知识乐趣的同时，她们的情感更加细腻，举止更加优雅，气质更加深沉，使她们拥有一份源于知识、源于修养的魅力。才学的魅力虽然不如美丽那么富于张扬，但它却更深沉、动人、长久、令人神往。

2. 淑女，透出典雅柔和的光芒

真正的淑女，是一种遵从自我意愿的选择，是女人味的自然流露。她们并不在意是不是被发现、被认可，她们隐没在茫茫人海中，像大海里的珍珠，沉静中透出典雅柔和的光芒。

"淑女"一词，最早出现在《诗经》开篇第一首《关雎》，曰："关关雎鸠，在河之洲。窈窕淑女，君子好逑。"但这里的"淑女"只是一位采水草的迷人小村姑，与现代所说的"淑女"没多大联系，顶多只是"劳动创造美"的最早证据之一。而另外一首《硕人》中的那位卫夫人，"手如柔荑，肤如凝脂……巧笑倩兮，美目盼兮"，才算得上是真正的淑女，整个儿就是《蒙娜丽莎》的东方古典版。

那么，何谓淑女？淑女要读书，要有书卷气。但淑女读书不为做官，不为赚钱，只为去掉身上的小女儿气和尘世俗气，长知识，增见识，陶冶情操，修养情趣，不贪学富五车满腹经纶，只求知书达理贤淑文雅。

古往今来，芸芸众女，总是美女和才女风光无限，惹目抢眼。荧屏内外书报刊中，到处都有她们迷人的身影。即使不是每一个女子都有此奢望，至少美女、才女还是一种对女性的恭维和赞美。

那么淑女呢？没有大家闺秀的尊贵，没有才女的傲气，没有美女的亮丽自然不引人注目，只有云淡风轻，所以少有人争取淑女的称号。

淑女都有才气，都是名副其实的才女。凭借特有的灵气与悟性，她们在某些方面或许还有很高的造诣，李清照的词，张爱玲的文，都是脍炙人口的精品。

淑女都有绝佳的高雅气质，"清水出芙蓉，天然去雕饰。"你只要看她的服饰穿戴你就知道，她绝不随波逐流，也不哗众取宠，简洁而别致，朴素而典雅。她的品位很高。

淑女兴趣广泛，博才多艺。琴棋书画，诗词曲文，样样知晓，且能精其一二。

淑女恬淡宁静，随遇而安。她不会让虚荣的洪水淹没，也不会让名利的急火灼伤；她愿做一些有兴趣又有把握做好的事，而她却常常出人意料地悄然抽身，急流勇退。

淑女不叛逆，不前卫，不夸张，她们是本色的，低调的，内敛的。

淑女温柔贤惠，但又不唯命是从。淑女平和内敛，从容娴雅，不矫揉造作，不喜张扬，并不意味着丧失自我，平庸乏味，放弃自立，相反，这些恰恰说明了她们内心的开阔和明亮。

淑女是丈夫的好妻子，淑女是孩子的好母亲。淑女是姐妹的知心人，淑女是异性的红粉知己。淑女深谙做女人的本分，淑女也最能享受做女人的天赐之乐。

假如你是一个淑女，男人理想中的那种，你首先应天生丽质、容貌秀丽，即使不够国色天香，最低标准也要让人看了舒服。

当然，在单位你依然是仪态万方的淑女，对上级不卑不亢，对下级温和耐心，长袖善舞，遇变不惊……一天工作结束，要在老公之前及时赶回家，其间已经完成接孩子、采购等一干琐事，当先生拖着疲惫的身躯走入家门，你已经备好一桌丰盛的晚餐和一张轻松的笑脸。

你应该会察言观色、善解人意，你当然是聪明的。虽然这些要求对现代女性来说有点过于苛刻，因为这是基于男人理想化的定义，还有许多夫权思想的影子。"淑"，词典解释为"贤惠、美好"，那么，淑女最终是以贤惠、美好而散发迷人光辉的。若你做不成美女，那么愿你做淑女。

3. 气质是女人的经典名片

气质是女人的经典名片，这是现代人的共识。相对美丽的容貌而言，气质则是厚重的、有内涵的，气质是文化底蕴、素质修养的升华。现代的女性越来越讲究"内外兼修"，在气质的修炼上纷纷找准从"文化"入手的捷径。于是，女人的气质便演化为高贵、性感、情趣、妩媚抑或神秘，让人们在欣赏女人时怀着一种敬畏，一种仰慕。

气质是指人相对稳定的个性特征、风格以及气度。性格开朗、潇洒大方的人，往往表现出一种聪慧的气质；性格开朗、温文尔雅的人，多显露出高洁的气质；性格爽直、风格豪放的人，气质多表现为粗犷；性格温和、风度秀丽端庄的人，气质则表现为恬静……无论聪慧、高洁，还是粗犷、恬静，都能产生一定的美感。

有一个知名的画家，非常想画一幅天使的画像，他希望这幅画能别具一格，有自己的特色。这个画像不是人们经常看到的那样，而是来源于自己的想象。

他非常渴望找到一个模特儿，这个人有天使的善良与修养，并有慈悲的气质以及亲和力。但一直找不到太合适的人，直到他遇到了一个山村的姑娘。画家因这一幅画而名扬天下，那位模特儿也得到了不菲的报酬。

多年后，有人对画家说，你画了最美的天使，也应该画个最丑的魔鬼。画家认为说得很有道理，但到哪里找一位丑陋的人呢？他想到了监狱，终于在那发现了一个理想的人，然而让他意想不到的是，这个人居然是以前做天使模特儿的女人。

当女人知道自己将被画成魔鬼时，失声痛哭。女人疑惑地问："你以前画天使的模特儿就是我，想不到现在画魔鬼的居然还是我！"

画家不解地问："怎么会是这样呢？"

女人说："自从得到了那笔钱，我就离开了山村，到处游山玩水，后来还染上了毒瘾，把钱花完之后，为了满足遏制不住的欲望，就去骗人、做坏事，最后案发入狱。"

人性中有善的一面，也有恶的一面。如果女人不能用内涵武装自己，她就会流于庸俗，甚至将人性中恶的一面显现出来。如果女人不懂得充实自己，不懂得做个有内涵的气质女人，即便她曾经是个天使，也会演变成魔鬼。

在现实生活中，有相当数量的女人只注意穿着打扮，并不怎么注意自己的气质是否给人以美感。诚然，美丽的容貌、时髦的服饰、精心的打扮，都能给人以美感。但是这种外表的美总是肤浅而短暂的，如同天上的流云，转瞬即逝。如果你是有心人，则会发现，气质给人的美感是不受年纪、服饰和打扮局限的。

气质美是丰富内心世界的外露。它包含了人们的文化素质的提高、知识和经验的沉积以及品德和修养的凝练。品德则是锤炼气质的基石。为人诚恳，心地善良，胸襟开阔，内心安然是不可缺少的。

气质美看似无形，实为有形。它是通过一个人对待生活的态度、个性特征、言行举止等表现出来的。一个女子的举手投足，走路的步态，待人接物的风度，皆属气质。朋友初交，互相打量，立即产生好的印象。这种好感除了来自言谈之外，就是来自作风举止了。热情而不轻浮，大方而不傲慢，就表露出一种高雅的气质。狂热浮躁或自命不凡，就是气质低劣的表现。

气质美还表现在性格上，这就涉及平素的修养。要忌怒忌狂，能忍辱谦让，关怀体贴别人。忍让并非沉默，更不是逆来顺受，毫无主见。相反，开朗的性格往往透露出大义凛然的风度，更易表现出内心的情感。而富有感情的人，在气质上当然更添风采。

高雅的兴趣是气质美的又一种表现。例如，爱好文学并有一定的表达能力，欣赏音乐且有较好的乐感，喜欢美术而有基本的色调感，等等。

气质美在于美的和谐与统一，在于对待事物的认真、执着、聪慧、敏锐，在于淡然之中透出明朗而又深沉悠远的韵味，在于她心中有一座储量丰富的智慧矿藏，并且随着时间的推移，不断更新和积淀更厚的内涵，任岁月荏苒，亦能给人一种常新的美丽。

凡是品位出众、举止修养有水准的女人，其举手投足均卓尔不凡，给你耳目一新的感觉。那些走入气质门槛的女人，她们有了悟性，积聚了内涵，具有丰富感和空灵感，形成了风姿绰约的气韵。

4. 有教养的女人芬芳四溢

对一个女人而言，什么才是最重要的？靓丽的外表、过硬的学历、无数的财富……靓丽的外表总能给你以美的享受，但这只是表面功夫，经不起时间的考验；丰厚的知识总会让人羡慕，但是谁给你买单却是个问题；无数的财富总能让女人买到普通人难以享受的高档品，但是一身名牌最多让人们承认你很阔绰，而不会觉得你尊贵。

不要以为脂粉涂饰的外表，就能遮掩住一切性格和人格中不好的东西。修养的高低与好坏，会给人以充分的感受：是温文尔雅，还是谦卑忍让；对人是不温不火，还是不卑不亢；是急不可耐的猴样儿，还是死皮赖脸的熊态……一个人若是没有修养，那将是很可怕的事，尤其对女人而言，简直不可想象。因为女人一旦失去修养，就会变得不可理喻，而有修养的女人永远都是潇洒从容、举止得体、儒雅大方，不管是顾盼神飞，还是举手投足，都让人心生怜爱与敬佩。这样的女人，才是受众人欢迎的女人！

那么教养指的是什么呢？教养不是随心所欲，唯我独尊，而是善待他人，善待自己，认真地关注他人，真诚地倾听他人，真实地感受他人。尊重他人，就是尊重自己。真正的教养来源于一颗热爱自己、热爱他人的心灵。"己所不欲，勿施于人"，是对教养最好的诠释。

富有教养是道德美的表现，它会随着岁月的流逝、心灵的净化而日益显示出光华。有些女人看上去十分美丽，但言语粗俗、行为粗鲁，往往令男人望而却步；相反，那些相貌平常，但言谈举止富有修养的女人常常能赢得人们的心。

有这么一个故事：

一位美国中年主妇察觉到自己的丈夫经常在家里夸奖他的女助手，这让本来很自信的她也开始怀疑起自己的魅力来。心想自己已经是年老色衰，而丈夫的助手一定年轻貌美。于是她开始频繁地进出美容院，往返于各大商场之间，每天描眉画眼、梳妆打扮，最后听人介绍竟做了美容手术。

尽管这样，丈夫却对她的精心妆扮视若无睹，仍旧每天大谈他的那位助手。终于妻子沉不住气了，试探着开始打听女助手的背景。或许是看出了妻子的心思，丈夫邀请妻子一同去探望那位助手。谁知一见之下，妻子竟大为吃惊。因为女助手既不年轻也不漂亮，是一位头发已经开始花白、身材发福的中年妇女。但妻子也感觉到她在言谈举止中分明透露出来的聪慧、自信、乐观和机智，周围的人无不受到她的感染，甚至这位妻子也抵抗不了她的魅力，十分急切地想和她交个朋友。通过这件事，这位妻子明白，言谈举止赋予一个女人的魅力是任何华服和美容术都无可比拟的。

有教养的女人静若幽兰，芬芳四溢。时间可以扫去女人的红颜，却扫不去女人经过岁月的积淀而焕发出来的美丽。这份美丽就是女人经过岁月的洗礼而成就的修养与智慧，就像秋天里弥漫的果香一样。有教养的女人像潺潺溪水，浸润周围的人。有教养的女人充满自信的干练，充满情感的丰盈与独立，懂得在得到与失去之间找到平衡。修养与智慧让女人在不同的时刻呈现出不同的状态，一生散发着无穷的魅力。英国政治家柴斯特菲尔德说："一个人只要自身有教养，不管别人举止多么不适当，都不能伤害他一根毫毛。他自然就给人一种凛然不可侵犯的尊严，会受到所有人的尊重。一个没有教养的人，容易让人生出鄙视的心理。"

既然修养对女人很重要，那么该如何提高女人的修养呢？一般而言，琴、棋、书、画是提高女人修养的最好方式。因为这四者中，无论哪种，其本身都蕴含着极其浓厚的文化底蕴。女人学琴，自然得平心静气，内外一心，才能体悟到那高山流水之音；学棋时，那质朴的黑白世界更是容不得三心二意，必须专心致志；而没有宽博的胸怀与平淡的心境，如何领略王右军的线条流畅、张旭的豪情挥洒；没有恬淡的心，又如何理解齐白石的浅水虾戏？

不过，由于琴棋书画要求有一定的时间和精力，有时更要求一种良好的天赋，不入门者很难窥探其中之奥妙，故而对现代都市女性而言略有难度。

所以，女性朋友们应多注意一些生活中的小细节，从一点一滴做起，逐步提升自己的修养：

（1）不说粗话

一直以来，我们都要求女士在说话的时候一定要文雅，不能说粗话。但是现代的一些新新女性，在人格特质和行为上都喜欢效仿男性，而有的男性说话时常常讲一些粗话，这也成了她们模仿的对象。于是在女性中出现了牙尖嘴利的粗口一族。其实，一个妩媚的女士如果讲出粗话来，就像一件天鹅绒晚礼服被沾上油渍一样让人感觉不舒服。所以，身为女性，一定要讲究文明礼貌用语，一句粗话会让一个穿着端庄、容貌秀丽的女士形象顷刻之间大打折扣，让人忘记了她所有美好的东西而只记住这句粗话。

（2）对别人递过来的名片要重视

与人初次见面，对方递过来名片，你连看都不看一眼装入衣兜或随便一放，对方肯定内心不悦。正确的方法是，双手将名片接过，用不少于30秒的时间从头到尾看一遍，并客气地向对方道一声"谢谢"。这样对方内心肯定会有一种被人重视的优越感，也为下面的沟通营造良好的氛围。

（3）倾听

有教养的女士从来不会只顾自己滔滔不绝，适当地倾听，才更显女性魅力。倾听的时候，要保持良好的精神状态，不能心不在焉，更不能东张西望，谈话时，应善于运用自己的姿态、表情、插入语和感叹词。诸如微笑、点头等，都会使谈话更加融洽，同时应注意配合对方的语气表述自己的意见。

（4）尊重别人

要尊重每个人。一个人无论从事什么样的工作，只要他有付出，为社会作贡献，那么他就理应受到我们的尊重。

（5）不在公共场合大声说话

公共场合人多，大声喧哗会引人侧目，这不是因对方看你漂亮而夸奖你，而是因你打扰了大家对你表示不满意甚至厌恶。所以，一个有教养的女士要顾及别人的存在，不大声喧哗是对别人的礼貌。

不管怎么说，教养不是一两天修炼成的，而是一种习惯的积累，一种涵养的综合。如果教养是花，智慧则是不可或缺的养分。智慧之于女人是博爱与宽容，是充满自信的风采，是情感的丰盈与独立，更是不计较得失的平衡心态。女人有了教养，那么所有的大门都会向她敞开。

5. 文明素养尽显女人魅力

文明素养是一个人道德品质、综合素质的基础因素，不礼貌不文明的行为，既不利于女性自身的发展，也将严重影响社会规范的形成。所以，要想成为一个在社会活动中受欢迎的女人，就要在举手投足间尽显文明素养。如果一个女人长相倾城，打扮入时，却举止粗俗，口吐脏话，她的个人形象就一定会跌到最低点，令人反感。

朋友餐馆开业，一来为了讨个喜气，二来为了吸引顾客，便邀请了一个演出团进行表演。那天是我陪小侄子去少年宫上课，于是就带着他一同前去，凑凑热闹。

临时搭建的舞台上，四位身材修长、长相可人的美女可是让台下的观众们大饱了眼福，同时也让身材略显胖的我羡慕不已。看着她们在台上扭动着不足一握的纤纤细腰，我都有了减肥的冲动。可是中途的一场意外却让我打消了这个念头。

舞台不远处有一个小喷池，里面有许多的小金鱼，吃饱喝足的小侄子有些坐不住了，吵着要去看小金鱼，无奈的我只能起身陪他前去。由于舞台上已换上了一组戏曲表演，对戏曲向来不太感兴趣的我也把注意力转移到小侄子身上，陪着他一起看喷池里的小金鱼。

正在我们追逐着小金鱼灵活的身影时，旁边传来一声难听的咒骂声："你他妈的长没长眼睛啊，水都溅了我一身。"

我抬起头，只见刚才让我羡慕不已的一"美女"，正恶狠狠地瞪着刚才不小心把小木棍扔进喷池里的小男孩。小男孩看起来5岁左右，一边说着对不起，一边伸手要帮"美女"擦水。可是小孩的手伸到一半时，"美女"惊叫道："滚开，别用你的脏手碰我。"

看着"美女"厌恶的表情，我眼前的她变得异常丑陋。那只是一个孩子，她却说出了那样恶毒的话，原来漂亮的外表下竟然藏着一颗如此丑陋的心。那一刻我突然觉得自己减肥的理由竟然变得有些可笑。

　　一个女人不只需要良好的外貌打扮，更需要良好的修养。无论是在生活中还是在工作中，都请女性朋友们小心看护和保管好我们个人的格调和品位，要知道，在别人的眼里，我们的一言一行都代表着自己，请别让它们出卖了自己，让自己的品格在粗鲁的言行中荡然无存。

　　女人必须明白，你的衣着、言谈和举止会告诉别人你是什么样的人。即使别人以前对你并不了解，但通常在初次见面的几分钟内就会评价一个人的素质、背景和能力。所以你的眼神、你的说话方式、你的举止就是你最基本的信息，其他人正是通过这些信息知道你是什么样的人，或者判断你将来会成为什么样的人。具有文明素养的女人无论何时何地都会神采奕奕，而她的魅力气场也会让众人不断向她靠近。

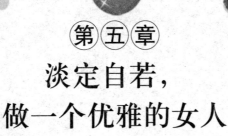

第五章

淡定自若，
做一个优雅的女人

优雅不是与生俱来的，她可以说是女人一生的事业。你不能投机取巧地移植复制，也不能一蹴而就，速成的优雅只是表面，只有经过岁月的磨洗、思想的积淀、艺术的熏陶，才会逐渐在举手投足间流露出优雅的气息。优雅的女人遇事不慌忙，心境很开阔，举止优游自若，对什么事情都是很淡然很沉稳的样子。

1. 培养自己迷人的个性

每个人都有自己的个性。个性是一个人区别他人的标志之一。个性也会产生魅力。张扬个性，特别是把自己迷人的个性展示出来，是一个女人应该掌握的生活细节之一。

女性欲养成良好的个性，先天因素非常重要，但后天的培养也是不可缺少的，先天因素与后天培养如同事物的内外因，彼此互相制约、转化，女性如果能巧妙利用，将它们与你的个性人格"相映成趣"、相得益彰，那么就会起到事半功倍的效果。什么样的个性才算是好的个性呢？

（1）拥有自信的心态

上帝赋予我们每个人的外貌都是与生俱来的，如果天生丽质自然值得高兴，但如果不是那么尽如人意却也不必自暴自弃，因为除了亮丽的外表本身，我们还拥有一种发自内心的美丽，那就是自信的风采。

美国科学家曾经做过这样一个实验：他们找到一个14岁的丑女孩，然后让她身边所有的亲友和老师、同学都努力去赞美她，夸她是个美丽的天使，让她对自己越来越有信心，结果两年后奇迹出现了，女孩真的出落成了一个美貌的女子。这个女孩的"美貌"变化，全得益于她自信的心态。由此可见，自信对于一个女人的美丽来说是多么重要。

（2）拥有可人的外表

毫无疑问，让人心仪的女人一举手、一投足仿佛都包含无尽的个性魅力，叫人忍不住心驰神往。有这样一个年轻女子，虽然穿着一般，可仍掩饰不住她作为一个女人中的"独枝"的灵韵。说不出她有多美，她眼波一转，凝而不惑，美而不媚。所有的人仍然被她的美丽所镇住，当然，她自恃内敛的举止未免有些过分，可你不得不承认含蓄本身就是处处通行的护照。

（3）具有聪慧的才情

作为一个有个性的女人，仅外表漂亮是远远不够的。许多古代才女不但具有漂亮的外表，而且琴棋书画样样通晓，如蔡文姬、卓文君等。现代个性女人也往往才华出众，如著名主持人董卿。时代不需要那些只有脸蛋没有头脑的"花瓶"，不少只是长得好而头脑空空的女人，最后也许只能落得个被某大款当作"金丝鸟"包养的命运。

（4）拥有成熟的风韵

很多人都认为女人只有年轻的时候才个性张扬，一过了30岁，就和"张扬"二字再也无缘了。然而现代社会中女人在经济上可以独立，比从前更注意释放自己，过了30岁后，反倒更具有女性的魅力。成熟的女性，虽然不如那些青春少女们年轻而富有活力，但她们却具有自己独到的韵味。她们会因其阅历丰富、因其圆融、因其感性和体贴而散发出无与伦比的光芒。

（5）富于浪漫的情调

对一个女人，你会因其有个性而越看越美丽，反之则即使再漂亮也可能令人生厌。在所有可爱的性情里，要数浪漫的情调最具魅力了。

现代人的生活大都忙忙碌碌，生活的压力使得每个人都感觉有些郁闷，一个喜欢浪漫并善于制造浪漫的女人，不仅会使她的个性变得非常迷人，也能使人忘却她的真实年龄，从而缔造出美丽的情愫来。

如果你具有自信的心态、可人的外表、聪慧的才情、成熟的风韵、浪漫的情调，或者这其中的大多数优点，那么你就已经是一个完美的女人了。

在现实生活中，有的人以"个性是天生的""江山易改，禀性难移"来原谅自己或者宽恕自己，这是不正确的。其实，个人性格品质的形成，不但和先天因素有关，并且和后天的修炼有关。个性并非固定不变的，是随着一个人的阅历、所处的环境的变化而变化的。人的个性，不过是周围社会环境和社会实践的产物。

个性就是个人的生活、自我教育、不断修炼的产物。所以，注重个性方面的修养能够帮助女性塑造良好的个性品质，能够更好地开拓生活之路、开辟事业的天地，从而实现人生的价值。

我们每个人的个性、形象、人格都有其相应的潜在的创造性，我们完全没有三心二意的必要，而去一味嫉妒与猜测他人的优点。

在人生的成长过程中，每个人一定会在某个时候发现，羡慕是无知的，模仿也就意味着自杀。在提倡张扬个性的时代，作为女人，一定要懂得，你的个性将影响甚至决定你的一生。因此，作为女人，从一开始就要努力向好的个性方面转化。那么，怎样做才能让女人拥有迷人的个性呢？

首先，你要对其他人的生活、工作表示出浓厚的关心和兴趣。每个人都认为自己是特别的个体，每个人都希望受人重视。这一点值得注意，我们应该承认每个人的独特的价值。如果你对他人表示了足够的关心，那他人必定会对你有所回报的，他们会说你"这个人真好，特别热情，特别会关心体贴人，是一个会爱的女人"，并会随时随地对别人说你的好处。

其次，健康、充满活力和具有丰富的想象力也会使你显得迷人可爱。大家都喜欢富有生气的阳光女人，而没有人会喜欢无精打采、死气沉沉的人。

轻松活泼的女人可以给周围人带来一股清新之气，周围的人和气氛也会因她的诱人而发生改变，相信人人都会因此而对你产生好感。

再次，要有容忍的气度，这是女人塑造完美个性的最重要一点。每个人都希望自己被人接纳，希望能够轻松愉快地与人相处，希望和能够接受自己的人在一起：那些嫉妒心很强的小气女人，一定不会受到周围人的欢迎和喜爱。所谓气度，就是不要让别人的行为合乎自己的准则，每一个人都会按照自己喜欢的方式来主宰自己的行为，而通常都会有一些行为是不合乎你的准则的；尤其是夫妻之间，做妻子的必须能够容纳丈夫的缺点，只有你的信任和爱，才能得到丈夫的信任和爱。相反，如果丈夫回家后，妻子只会无休止地唠叨和埋怨，换来的会是丈夫的唠叨或者是沉默，甚至会失去了他对你的耐心，彼此相互挑对方的毛病，恶性循环，从而导致感情的破裂。很多大企业老板在提升他的员工的时候，会在提升之前调查他的妻子，看他的妻子是否能够充分信任她的丈夫。

最后，要经常看到别人的优点，学会赞扬别人，这样可以使被夸奖的人感觉到你对他的关注，从而加深你在他心目中的地位。一个成熟的女人，不会停留在接受和忍耐别人的缺点上，她会随时看到别人的优点。每一个人身上都拥有着各自不同的优点，而你的魅力就是集合他们的优点在你自己的身上。只要你能够细心观察，并取别人的长处来弥补自己的不足，迷人的个性就不知不觉已经存在于你的身上了。

当遇到令你难以接受的事情发生时，需要用良好的素质和人格去进行冷静的抉择，要知道冲动莽撞只能使事情向反面发展，对解决问题不会起到任何积极作用。

人的素质，面对的是人格，而人格也正要求人们有相当高的素质。所以人们唯一的选择就是：培养素质，发挥素质，转化素质，最后形成一种完善的人格，从而走向成功的道路。

每个人都有自己独特的个性，或许它潜藏在你的性格之中，还没有被你所发掘；或许你已经掌握了自己的个性。

所以，你没有必要去一味嫉妒与猜测他人的优点，跟在别人后面邯郸学步。与其这样，还不如花点心思用于挖掘并完善自己的个性来得实在。通过总结成功经验得出：保持自我的本色以自身的创造性去赢得一个新天地是有意义的。你完全可以相信自己是最好的，虽然出色的女人很多，而你恰好就是其中之一，你的光芒不比任何人弱。在这个世界上你是独一无二的，应该以这一点而自豪，应该尽量利用大自然所赋予你的一切。归根结底，你只能演奏自己的人生乐章；只能控制自己的人生；只能做一个由你的经验、你的环境和你的家庭所造就的你。

不论是好是坏，你都是独一无二的，你在创造一个属于自己的独特天地，必须在生命的舞台上，或演主角或甘当配角，在人生的漫漫长路中一步步地走下去。

2. 做一个心理独立的女人

在人与人关系中，只要存在着心理上的依赖性，就必然不会自由选择，不会与人竞争，也就必然会有怨恨和痛苦。由于我们生活在一个相互关联的社会群体中，因此在现实生活中，要保持一种心理独立是很困难的，依赖这种不良的心理就会不时地以各种方式侵入你的生活，而且由于许多人从别人的依赖中可以得到好处，根除这一弊病就变得十分困难了。

我们这里所说的"心理独立"，是指一种完全不受任何强制性关系的束缚，完全没有他人控制他人的行为。这就意味着，如果不存在强制性的关系，你就不必强迫自己去做不愿意做的事。

保持心理独立之所以很难，这与社会环境教育我们不要辜负某些人，比如父母、子女、上级以及恋人的期望等因素不无关系。

当然，女人的个人独立并不代表真正的成功，圆满的人生还必须追求一种更加成熟的人际关系。不过，人与人的相互依赖关系必须以个人的真正独立为先决条件。女人依赖男人是正常的，因为女人最重要的是维持稳定牢固的家庭关系。但是，如果形成这样的状态，就是需要注意的事情了：如果对方给你幸福，你就幸福；他不给你幸福，你就不幸福。你把自己的幸福完全寄托在对方是否给予上，这就叫作"索取"型的幸福，也就是精神上的过度索取。这种"依恋"很快就会超出男人的承受程度，让他形成一种巨大的心理压力，进而选择退缩。索取型的依恋实质上就是女人的控制欲，当女人抓得越紧，男人便会逃避得越快。所以，女人在心理上也要独立。这种独立一旦形成，女人就会变得非常快乐。女人一旦独立了、快乐了，就不会对男人进行紧迫的控制，那么男人也就不会选择逃避了。

心理独立是一种能力，也是一种手段，但绝对不是女人的终极目标。通过独立，让自己快乐起来，获得牢固而又稳定的婚姻关系，这才是女人正常合理的主要追求。

女人要实现心理独立，首先就得摆脱依赖他人的需要。请注意，这里讲的是"依赖的需要"，而不是"与人交往"。一旦你觉得你需要别人，你便成为了一个脆弱的人，一种现代奴隶。也就是说，如果你所需要的人离开了你、变了心或者是死去了，那么你必然会陷入惰性、精神崩溃甚至是绝望以至于求死。社会告诫我们不要总是在等待某些人来安抚你。

依赖使一个女人失去了精神生活的独立自主性。依赖性强的女人不能独立思考，缺乏工作的勇气，其肯定性也是比较差的，会陷入犹豫不决的困境。她一直需要别人的鼓励和支持，借助别人的扶助和判断。依赖者还会出现剥削者的性格倾向——好吃懒做，坐享其成。

女性可采取以下几种方式来实现心理独立：

（1）在自我意识上制定一份"自我独立宣言"，并向他人宣告，你渴望在与他人的交往中独立行事，彻底消除任何人的支配（但不排除必要的妥协）。同时与你所依赖的人谈话，告诉他们你需要独立行事，并明确你独立行事时的感受和目的。这是着手消除依赖性的有效方法，因为其他人可能甚至还不知道你处于依赖和服从地位的感受如何。

（2）敢于说"不"，能够提出有效的生活目标。确定如何在这段时间内同支配你的人打交道。当你不愿意违心行事的时候，不妨回答说"不，我不想这样做"，然后看看对方对你的这一回答的反应如何。当你有足够的自信心的时候，同支配你的人推心置腹地谈一谈，然后告诉他，你以后愿意通过某个手势来向他表明你的这种感觉。比如说，你可以摸摸耳朵或者是歪歪嘴来表示你有自己的看法。

（3）当你感到心理受人左右的时候，你不妨告诉那个人你的感觉，然后争取根据自己的意愿去行事。请记住：你的父母、恋人、朋友、上级、孩子或者是其他人常常会不赞叹你的某些行为，但这丝毫不影响你的价值。不论在何种情况下，你总会引起某些人的不满，这是生活的现实。你如果有思想准备，便不会因此而忧虑不安或者是不知所措，便可以挣脱在情感上束缚你的那些枷锁。如果你为支配者（父母、朋友、孩子或上级等）而陷入惰性，那么即便有意回避他们，也还会无形中受人支配。

（4）运用推心置腹调节自己的意识。如果你觉得出于义务而不得不看望某个人，问问你自己：若别人也出于此种心理状态，你是否愿意让别人来看望你。如果你不愿意，那就应该推心置腹地换位思考一下，"己所不欲，勿施于人"。

3. 培养一份属于自己的爱好

现代女性一般都有一份属于自己的工作，工作是让一个人稳定且有规律地生活的保障，不应该放弃。有一份工作让你知道每天可以有什么地方去，有时候你会觉得受益于此。可是几乎所有人都讨厌自己的工作，正所谓"干一行厌一行"。要从别人口袋里赚来钱的事情总是有外人不知道的难言之处。

大部分女人下班后的生活其实相当乏味单调。往电视机或电脑前面一坐，时间哗哗地大段地溜走。只要一看电视，你就什么也干不了。这是一种懒惰的惯性，坐在沙发上，哪怕节目十分无聊幼稚，你也会不停地换台，不停地搜寻勉强可以一看的节目，按下关闭键显得那么困难。很多女人在工作以外都是这样的"沙发土豆"。黄金般的周末，多半也是在不愿意起床、懒得梳洗、不想出门中胡乱度过。同时，几乎所有人都在抱怨没有时间，真的有时间的时候又不知道该如何打发，只是习惯性地想到睡觉和"机械运动"——看电视、玩一款熟得不能再熟的电脑游戏，顺手就打开了。事后又觉得懊恼，心情愈加沉闷。

这就需要作为女人的你，在八小时以外，能够培养一种自己的趣味，在增长自己知识的同时提升自己的品位！闲暇时间说多不多，说少却也不少。为了打发时间，也应该培养一门高雅的兴趣爱好。

兴趣是一种人们喜好的情绪，不仅能够丰富人的心灵，而且还可以为枯燥的生活添加一些乐趣，同时还能借着它对社会有所贡献。所以，一个人只要为自己的兴趣去追求和努力，兴味盎然地去做一切事情，就能把生活点缀得更加美好。

人有各种各样的爱好，这完全依个人的兴趣而定，有高雅艺术方面的，也有在生活中形成的一些习惯。总之，自己喜欢做，又有一定追求价值的都可以算，当然，这里说的兴趣不包括吃零食、睡觉、看电视之类的。

还要特别记住，爱好只是一种乐趣而不是日常工作。爱好的事物都是喜欢的，只要喜欢就做，用不着担心是否可以完成。在过程中体验乐趣，这才是爱好的真正意义。比如说画画，不一定非得画得完完全全，不一定非得有什么主题，即兴发挥、兴趣所至就行。

业余爱好还有一个重要的心理辅助功能，那就是增强人的自信心。当你忙碌了一天，却因发现自己一事无成而很不开心时，不妨忘掉这些，马上投入到自己爱好的事情上，这时你会忘掉一天的烦恼，进入到享乐的情趣中，同时自信又会重新产生。爱好的事情常常都会做得非常好，因为是自己的特长，甚至有时一个人的爱好还可成为一种谋生手段，改变一个人的职业生涯。所以，当女人无所事事时，不妨发展自己的爱好，它可以帮助你减轻生活压力，同时带来无穷的乐趣。

拥有迷人的魅力是每个女人的梦想，因此，有成千上万的女性在寻找打造迷人魅力的秘诀。想要成为富有魅力的女人，不仅要注重外表的修饰和内在文化的修养，更应该重视自己的兴趣与爱好，只有这样才能长久地保持神秘感和对异性的吸引力。

试想，一个女人虽具有美若天仙的容貌，但如果没有一点自己爱好的东西，也没什么目标，整天默默无闻地跟在男人身后，没有自己的事情可做，那么，外表的美会变得非常脆弱，而她也没有什么魅力可言，任何有品位的男人都不会欣赏这样的女人。

晓颜今年20岁，长得清秀可人，并且还拥有魔鬼身材，见过她的男孩无一不对她爱慕倾心。在众多追求者当中，女孩看上了优秀的小辉，并且答应做他的女朋友。"天有不测风云"，他们交往还不到半年的时间，小辉突然提出要与她分手，晓颜向小辉询问分手的原因，他没有回答，只是默默地走开了。晓颜很伤心，但由于身边的追求者较多，她很快又与一个叫李彬的男孩交往了，但交往了大概三个多月，李彬也向她提出了分手，这对于晓颜来说，无疑是一个晴天霹雳的打击，她不明白自己有如此靓丽的外貌，为什么小辉和李彬还会选择与她分手？难道自己就那么不讨人喜欢吗？她心中有着各种难以解开的疑问，于是又向李彬询问分手的原因，李彬无奈地说："知道吗？我第一次见到你，就被你的外貌迷惑了，我从未见过如此美丽的容貌，足以将人融化，令人为之心动。还记得当时的那个画面，温温的、暖暖的声音，还有你浓浓的柔情眼神，让我就这么地陷了进去，而无法自拔。但和你交往的这几个月以来，从来没有听你说过自己喜欢什么，对什么比较有兴趣，平时问你想要去哪里玩，你总是说无所谓，哪里都行。我一直都很喜欢有情调的女人，讨厌盲目的女人，晓颜，我们分手吧，你的没有主见让我窒息。"就这么几句话，他转身而去，没有任何的犹豫、任何的停留。

如果女孩有自己的主见，有自己的目标，有自己的爱好，或许她们会有美好的未来。但一切都晚了，是这种盲目使晓颜的幸福从自己的手中偷偷溜走。可见，发展个人的兴趣与爱好对于女人来说有多么重要，它影响着一个女人独有的气质，甚至未来的幸福。

所以说，品位女人一定要有一种自己的兴趣爱好。那么，到底如何培养一份属于自己的爱好呢？

（1）培养一项高雅的爱好，认真地研究你的爱好，或许有一天，你的爱好会对你的职业有着莫大的帮助。有一门业余爱好，有的人甚至发展到了相当高的水平，有可能改变你的人生。

（2）请选择这样的爱好：音乐、绘画、雕塑、舞蹈、书法、围棋、国际象棋、鉴赏古物、品酒、桥牌、学习一门外语，等等。如果你有条件，最好请一位私人教师，你会发现一对一的学习效果令人吃惊。

（3）为了大脑的灵活，至少学会欣赏古典音乐。有位女士说，有太阳的早上自己会放男高音帕瓦罗蒂的曲子，浑身充满了高昂的情绪；阴天的早上则放忧郁的日本音乐，这种哀愁像雪天里饮清酒。还有一位女士会在商务谈判时为客户播放贝多芬的音乐。难道不是很有创意吗？

4. 勇敢地面对死亡

世上万事万物都有始有终，生是我们的开始，死是我们的结束。我们对死亡应该有重新的解释，死亡并不是痛苦的、悲惨的，它并不可怕，有时只是我们不能接受而已。

死亡是生命最后一个过程，有它的存在，生命才得以完整。我们不是要挑战死亡，而是要接纳死亡，这种认识不是凭空而来的，也不是宗教上的认识，而是对文化的重新认识。

面对死亡要有一种达观的态度。庄子的妻子去世了，惠子去吊唁。看到庄子两腿张开坐在地上，正敲着盆子唱歌。

惠子说："和人家结为伴侣，人家生儿育女，身老而死，你不哭也罢了，竟然敲着盆子唱歌，不是太过分了吗！"

庄子说："不对，她刚死的时候，我怎么能够不难过！可是探究她的开始，本来没有生命。不仅没有生命，而且没有形体。不仅没有形体，而且没有气。混杂在恍恍惚惚之中，变化而产生了气，气变化成了形体，形体变化有了生命，现在又变化因而死亡，这些就好像是春夏秋冬一年四季在运行。人家就要安静地到天地这间大房子里休息，我却嗷嗷地哭，自己认为这样是太不懂得命运，所以止住了哀痛。"

列夫·托尔斯泰曾说过："人生唯有面临死亡，才会变得严肃，意义深长，真正丰富和快乐。"

死亡并不可怕，积极的人，生而乐观，面临死亡也会把它看作是一件好事。

有一个女人被诊断出患上绝症，只能活三个月了，于是她开始准备自己的后事。她请来了牧师，告诉牧师自己希望在葬礼上吟咏什么韵文，喜欢读什么经文，愿意穿什么衣服下葬。她还要求把自己特别喜爱的《圣经》也葬在身边。一切安排妥当后牧师便准备离开，"还有一件事"，她像突然记起了什么重要的事，兴奋地说，"这很重要，我希望埋葬时右手拿着一支餐叉。"

牧师站在那儿盯着这个女人，简直不知说什么。"让你吃惊了吧？"女人问。"唔，说实话你的要求把我弄糊涂了！"牧师回答。女人解释道："在我参加教友联谊会的所有这些年里，我总记得每当菜盘收走时有人必然会俯过身说，'请把餐叉留着。'我很喜欢这一时刻，知道将要吃到更好的东西了，比如醇和的巧克力糕或苹果馅儿饼。那真是太妙啦，并且也有意义！所以我就想让人们看见我躺在棺材里手里拿着餐叉，心里纳闷'用那餐叉做什么'，然后我想请你告诉他们：'请把餐叉留着……

下面要上最好吃的东西啦。'"

牧师于是和这个女人拥抱诀别，眼里涌出欢乐的泪水。他知道这是她临终前他们之间的最后一面。不过他也知道这个女人比他更能理解天堂的含义，她明白更加美好的东西即将来临。这是一个女人面临死亡的态度，她把死亡看作是等待她的"一件更好的事"。于是，她欣然接受了死亡。

生老病死是生命进程中的必然规律。既然死亡无法避免，那么就让我们把死亡当作伴侣，永远不要害怕面对它。很多人惧怕死亡，事实上他们也从来没有真正痛快地生活过。我们只能对这样的人表示同情，这些人无法了解因死亡的存在，才使我们更能享受人生。不妨学习一下那位乐观的女士，勇敢地面对死亡，永远不要逃避它，也许最好的东西就要来到了呢。

5. 生活其实不用过得那么累

生活中，常听一些女人喊出这样一句话："生活真是太累了！"其实，生活本身并不累，它只是按照自然规律、按照它本身的规律在运转。说生活太累的女人都是因为自己错误的生活方式，才会让自己活得太累、太辛苦。

感觉生活太累的女人通常都是一些胆小怕事者，她们每说一句话都要考虑别人会怎么看待自己，会不会因为这一句话而伤害某人；每做一件事都要瞻前顾后，生怕因为自己的举动给自己带来不好影响。工作中，对领导、同事小心翼翼，生活中对朋友、邻居万分小心。其实，你的周围有那么多人，而每个人的脾气都不一样，你不可能做到使每个人都满意。即使你样样谨小慎微，还是有人对你有成见。所以只要不违背常情，不失自己的良心，那么挺起胸膛来做人、做事，这样的效果可能很好。

感觉活得太累的女人往往不懂得如何很好地调整自己，每当不幸之事发生时，她们总是无法乐观地去看待，而且容易对生活产生悲观想法，似乎世界末日就要来临了。哪怕是看电视时看到国外发生了地震，死了许多人，也会紧张得要命，夜里不得安睡，总是疑心地球要爆炸了，说不定哪天自己就上西天了。你说，这不是杞人忧天吗？

总是感觉生活太累的女人，必然看不到生活中光明的一面，更感觉不到生活的乐趣。因为她的时间统统用来盯住自己周围狭小的一点空间，而无暇顾及他事。而且，她的生活是非常被动的，因为她不愿主动去做什么，生怕天上飞鸟的羽毛砸到自己。这样的生活不会是幸福的，更没有快乐可言。

有压力才有动力，所以，压力并不一定就是坏事，也是人生不可缺少的。但是压力过度，人体过于紧张，则会导致肾上腺素分泌过量，从而破坏身体的机能，影响健康。影响女性健康的三种"紧张"症状，一是"身体症状"，如便秘、颈椎病、头痛、腰酸等；二是"行动症状"，如购物依存症、酒精依存症等；三是"精神症状"，如急躁易怒的情绪。紧张，会使交感神经的作用过强，导致血管收缩，血压上升，同时也会使血流不畅，引起身体发冷。

因此，对于已经习惯于长期处于紧张状态的职业女性而言，你现在需要的是放松，学习适合自己的放松方式，以此改变应付压力而形成的生活方式，彻底消除健康隐患。

生活的压力来自方方面面，减压的方法也应不拘一格，采取内外兼治的方法最有效。

（1）加强体育锻炼

体育锻炼是减轻压力的有效途径。体育运动不仅能够让血液循环系统运作得更有效率，还能够强化我们的心脏与肺功能，直接增强肾上腺素的分泌，让整个身体的免疫系统强大起来，从而有更强的"体质"去应付生活中随时可能出现的各种压力。我们可以持之以恒地从事各项运动，特别是做"有氧运动"，如游泳、跳绳、踩单车、慢跑、急步行走与爬山等。在运动中，我们将体味轻松和忘我的境界，享受大自然的美妙，心灵也会在天地相融中被净化。

（2）消除紧张感

紧张，是一个人的心理因素造成的。世上许多道德家、宗教家等，一味地大力鼓吹"严于律己"的思想，使人们把在压力下生活视为正常，这往往造成身心的紧张。想要踏上成功的道路，首先要消除这种紧张感，达到身心的放松。即使紧张是天生的，也要靠人为的努力舒缓紧张。紧张感不消除，人就难以轻松。

生气、后悔、怨恨、恐惧等，这些情绪很容易产生，但想消除因此而产生的紧张，借由放松而将自己及周围的人导入平和的境界，却是很困难的。

为了消除上述原因造成的紧张，我们可以采取以下办法：

——当我们有什么事而烦恼的时候，应该说出来，不要存在心里。事实证明，倾诉，是排除心中积郁的有效办法。可以把烦恼向值得我们信赖的、头脑冷静的人倾诉，如自己的父亲或母亲、丈夫或妻子、挚友、老师……

——当事情不顺利时，如果迫使自己忍受下去，无异于自我惩罚。我们可以暂时避开一下，把工作抛在一边，然后去看一场电影或者读一本书，或者上网聊聊天、做做游戏，或去随便走走，改变环境，看看大自然，这些都能使我们得到放松。当我们的情绪趋于平静，而且当我们和其他相关的人均处于良好的状态，可以解决问题时，我们再回来，着手解决存在的问题。

——如果我们被某人激怒了，真想发泄一番，这时应该尽量克制一会儿，然后把它拖到明天，同时去做一些有意义的事情。例如做一些诸如园艺、清洁、木工等工作，或者是打一场球或散步，以平息自己的怒气。

——如果我们经常与人争吵，就要考虑自己是否太主观和固执。要知道，这类争吵将对周围亲人，甚至对孩子的行为带来不良的影响。即使我们是绝对正确的，也可以按照自己的方式稍做谦让。我们这样做了以后，通常会发现别人也会这样做的。

——先做最迫切的工作。在紧张状态下的人，连正常的工作量有时都承担不了。工作显得如此繁重，去做其中的任何一部分都是痛苦的，先做最迫切的事，把全部精力投入其中，一次只做一件，把其余的事暂时搁到一边。一旦做好了，就会发现事情根本没有那么"可怕"。做了这些事之后，其余的做起来就容易得多。

（3）保持宁静

保持宁静，是舒缓心中压力的另一条途径。马卡斯·奥里欧斯认为："第一个原则是保持精神不要混乱；第二个原则是要正面看待事物，直到彻底认识清楚。"不要因为事情演变而扰乱了我们的精神，对生活中发生的事始终保持一份沉静很重要。

宁静，既是身外的安静，也是内心的镇静。保持宁静，可以意静守笃，调节身体气血运行的全面平衡，以达到养心健身的良好功效，而且还能全面仔细地考虑问题，有助于处理好周围发生的一切。所以，宁静不仅可以修身养性，也可以调节人的精神。

宁静，可以力戒虚妄，力戒焦虑，力戒急躁，力戒一切烦恼的事，做到心清意静，可以感觉到一般人感觉不到的东西。

宁静是一种调节，一种超脱，一种升华。

（4）恬淡寡欲

恬淡寡欲，不追求名利，也有助于减压。清末人张之洞说："无求便是安心法"，著名作家冰心也认为，"人到无求品位自高。"这些都说明淡泊是一种崇高的境界和心态，是对人生追求在深层次上的定位。

（5）合理调整饮食

要少吃油腻及不易消化的食品，多食新鲜蔬菜和水果，如绿豆芽、菠菜、油菜、橘子、苹果等，及时补充维生素、无机盐及微量元素。

人生就像一次旅行，在短短的人生之旅中，谁都希望能抓住每分每秒、掌握成功的契机，但是忙碌的生活经常让人感到压力沉重，长期下来，导致心情郁闷、烦恼丛生。生活其实不用过得那么累，放开胸怀，不追求物质享受，生活简朴、没有包袱的生活一定能心情舒畅。

第六章

关爱身体，
做健康女人

　　女人应该关爱身体，珍爱自己的健康。健康的女人才是最美丽的，美丽更因健康而丰富多彩。健康是一个女人幸福的基石，只有保持健康的身心，才能用最大的热情去工作，去成就女人心中的梦想，会让女人的生活幸福快乐。

1. 身心健康的女人最美丽

完美女人必须身心健康、容光焕发。那种动不动就发怒，或看起来弱不禁风的病态美女，已经不适应现代的快节奏生活潮流了。因此，女人不仅要关注自己的身体状况，更要关注自己的心理状态。只有身心俱佳的女人，才是完美的健康女人。

现代社会的快节奏，会使人产生紧张感、压力感和焦虑感，引起心理应激反应。这种心理应激反应具有两重性：其一是能使人学会通过多种因素的调节，产生较好的适应能力，提高心理素质，有利于事业的成功；其二是如果持续的应激状态难以解脱，则易于引起身心疾患，贻害身心健康。

女人的心理通常比男人细腻，这是因为女人的神经系统具有较大的兴奋性，对刺激反应比较敏感。无论是愉快的、厌烦的、痛苦的，都会通过表情和姿态表达出来，如脸红、哭、笑、发怒、叫喊等。

虽然说身心健康的女人是最美丽的，但是很多女人都缺乏一个健康的心理。因为快节奏的生活使许多女人产生了不同程度的心理压力。根据一家心理咨询机构统计：在接受心理咨询的妇女中间，第三者插足引起家庭婚变、家庭暴力的占60%左右；工作压力及社会适应不良的占20%左右；子女教育、个性心理障碍、精神心理疾病、再婚等约占20%。心理压力长期得不到发泄，必将造成许多心理疾病。

在人们日常生活中，心理疾病表现多种多样：极度沮丧、产生幻觉，不时的空虚、无助感，头疼等，如果这些病严重到足以干扰日常生活时，就要接受心理医生的治疗。心理疾病还可表现为：

（1）长期的忧郁

由于是一种普遍的心理疾病，现代生活使人容易产生忧郁，繁忙的工作、不顺心的事情、看不见未来，都容易使人产生忧郁。短期忧郁还看不出有多大的危害，只要及时调整，就可能好转，而长期的忧郁就可能导致严重的疾病发生，所以，对忧郁一定不能掉以轻心。

（2）强烈的孤独感

感到孤独是一种轻度的心理疾病。人本来就是一种群体的动物，合群、保持正常的社交活动，就会使人感到快乐；如果不愿意和人交往，而把自己封闭起来，就会产生孤独感，有了这种感觉，人就会越来越孤僻，越来越不愿意和人交往，就成了病态人生。

（3）碰到重大事情无法自行判断

重大的事情，正常的人都会作出正常的反应，作出正常的判断和应对。而心理出现疾病的人就不知道该怎么办，会出现优柔寡断、思维陷入自相矛盾的状态。这就是说自己对自己失去了信心，使自己无法作出正确的判断。

（4）始终找不到理想的工作

心理正常的人都会结交一定的朋友，当他遇到困难的时候，就会向朋友讨教，请求帮助。而心理病态的人是没有朋友的，他总是好高骛远，觉得没有人配得上与他交往，对待工作也是一样，没有一件工作是他满意的，他总是生活在失意的状态之中，他对一切都不满意，他永远生活在不满之中。

（5）人际关系不和谐

心理不健康的人肯定不会有良好的人际关系，因为他不能和人合作，他不会相信任何人。

（6）经常失眠

心理不正常的人，总是想入非非，他不能在现实中实现自己的理想，就会在幻想中靠做白日梦来满足自己，他始终生活在幻境之中不能自拔，分不清白天和黑夜，兴奋和抑制神经发生紊乱，失眠就是常事了。

（7）觉得工作压力已超过自己能负荷的范围

心理不健康的人总是抱怨他的工作负担太重了，总觉得自己干得多，别人干得少，他觉得自己吃了大亏，所以，就会认为自己无法承受工作的压力，他的工作超出了他的能力范围。

（8）对工作环境失望

心理上出了问题，人就会对环境作出不满的反应。首先是对自己的工作环境表示不满，总是抱怨这条件不符，那条件不好，不是自己干不好，而是环境使自己无法干好。

（9）对生活环境不满

抱怨生活环境就是因为自己的心理发生了问题。正常的人都能适应环境，你在某个特定的环境中生活，你无法选择，你就只能适应环境，抱怨是无济于事的。

如果明知道不可改变，还要表示不满，那就是心理不健康的表现了。

无论什么人，只要在心理方面出现障碍，尤其在意外事故、精神刺激、心理创伤、人际关系矛盾的情况下，都应及时求教于心理医生。

患有心理疾病的人，一方面要求助于心理医生，更重要的还是要靠自己给自己"治疗""松绑"。只有把两者结合起来，才能治愈自己的心理疾病，获得健康的心理。

（1）不要操心过度

每个女人都具备成为贤妻良母的先天条件，她们会将孩子照顾得无微不至，把丈夫伺候得服服帖帖。等孩子上学去了、丈夫上班去了，女人站在屋子里举目四望，看看哪一件家具没有擦干净，哪一件衣服没有洗；甚至在做着家务的时候脑子也一刻都不闲，不住地担心孩子会不会被人欺负，丈夫在公司会不会受到上司的批评，等等。所以，女人天生就是劳累的命，过度的操劳让她们过早衰老，也让她们由此患上心理疾病。

然而，当一个健康的女人在面对这些情况时，她们不会在一些琐事上面费太多的心思。她们知道，就算是操劳一些，该发生的事情总会发生，该面对的事情也总是要去面对的。所以，一个健康的女人知道适度地放松自己。

（2）不要猜疑过度

女人天生心眼小，疑心病重，喜欢猜疑，这是很正常的。但是如果猜疑过度，就会变得心胸狭窄。具有猜疑心理的女人，与别人相处时，往往抓住一些不能反映本质的现象，发挥自己的主观想象进行猜疑而产生对别人的误解，或者在交往之前对某人有某种印象，在交往之中就处处带着这种成见与对方接触，对方一有举动，就对原有成见加以印证。

虽然猜疑心理有种种表现，但我们可以发现其共同的特征，即没有事实根据，单凭自己主观的想象；抓住"皮毛"，忽略本质，片面猜测；不怀疑自己的判断，只是怀疑他人、挑剔他人。具有猜疑心理的人把自己置于一种苦恼的心态中，对别人采取不信任的态度，严重的甚至对自己的感觉也产生怀疑。这样的女人，心理确实有了大问题。

（3）不要大喜大悲

女人好像天生就是一种性情动物，一点小事就可以哭得死去活来，也可以高兴得忘乎所以。特别是遇到突如其来的好事，如中大奖、久别重逢或金榜题名等，更是高兴得不行。但是，凡事都要有个度，高兴本来是好事，可是如果过了头，就会乐极生悲，使好事变质。遇到悲伤时，如亲人离去、朋友反目、恋人狠心放手等，则喜欢沉湎其中，不能自拔。悲伤过度的女人整天一副愁苦相，看见什么都高兴不起来，抑郁症自然就找上门来了。

（4）不要消极过度

有的女人在工作或生活中出现失误时，就会无端怀疑自己的能力，完全否定自己以前的成绩，产生消极的情绪，并陷入其中久久不能自拔。之后，女人会将自己藏起来，生怕在光天化日下被耻笑，在这个不会被人发现的安全地带，女人自暴自弃、怨天尤人，久而久之就会出现心理疾病。

心理健康的人应该不是完美无缺者，而是那种懂得在逆境中求生，明白如何面对挑战、适应环境的人。他们很有现实感，能在成功与失败之间找到平衡点。

我们应该努力克制自己在紧张焦虑时的情绪反应，使身心达到一种泰然的境界。让我们拥有健康的心理，以轻松、活泼、洒脱的状态投入到工作、学习、生活中，去获得成功。

2. 女人要美丽更要健康

在快节奏的现代社会里，健康是最令人担心的主要问题。女人作为社会的半边天，家庭的经营者，背负着沉重的负担和心理压力。她们匆匆穿梭于家庭和工作岗位之间，无暇顾及自己的健康和身体，健康状况难以保障，因而导致营养缺乏，身体失调。

我们知道，健康是构成女人美丽的重要因素，没有健康，就没有美丽，女人也渐渐地熬成了男人厌恶的"黄脸婆"。美丽是女人的资本，爱美是女人的天性，哪个女人不想拥有匀称健美的体格、旺盛健康的生理机能、端庄又充满活力的外表和富有生气的精神面貌呢？然而，要保持自己的那份美丽，最重要的还在于平常加强体育锻炼，保持身心健康。正如俗话所说：拥有健康，才能保持美丽。

是否拥有健康，与是否重视健康有关。现代女性对健康究竟重视不重视呢？中国社会调查事务所曾对北京、成都两城市的1000名年龄在22~50岁之间的白领女性进行了一次抽样调查。其中，在对IT业、通信工程、商业流通、媒体广告、策划咨询等新兴时尚行业的调查显示：只有41％的被访者感觉完全健康，22％表示自己有一些小毛病，如胃病、肥胖、贫血、便秘、胆固醇高、血压高等，还有37％的被访者虽没有明显疾病，但经常出现食欲不振、精神紧张、头痛、疲乏、易感冒、失眠等状况。

此外，高度激烈的竞争、错综复杂的人际关系导致的心理失衡、都市喧嚣的噪音和机动车尾气、密闭办公楼内污浊的空气，也都是威胁都市丽人健康的因素。

那么，都市白领采取了保健措施吗？调查表明：选择保持合理安排饮食起居、保持适量运动、定期做体检的不足三成，35%的人选择有时间多睡觉、多吃补品，"没时间"成为最多的解释。在选择健身运动的人群中，定期运动的只占28%，坚持每天运动的更少，只有12%。

对于工作与健康的关系，仅有12%的人认为工作对健康无影响，而88%的人认为工作压力过大、工作时间过长、节奏过快对健康有或多或少的影响。看来白领在创造自身价值的同时，也在无奈地付出健康的代价。

这些可怕的数据提醒了都市丽人们：在紧张的工作、生活当中，切莫忽视了对健康的重视。要知道，健康的身体，才是女人的美丽之源。

坚持体育锻炼，不仅能提高女人的免疫能力，同时也会使女人的呼吸、循环等系统功能得以加强，会使女人的肌肤细腻、容颜滋润；另外，也能延缓女人的衰老进程。

随着科学技术的迅速发展，人们参加体力锻炼的时间也不断地减少了，而久坐引起人体内分泌不平衡和肌肉紧张，长时间下来，会诱发多种疾病。这种情况不但有害于自己的健康，也会夺去女人的青春和美丽。所以说，体育锻炼作为现代女性的爱好是完全符合其本身需要的。

那么，作为一名都市女性，或白领丽人，寻找什么样的健康健身方式最好呢？

美国有一位训练专家最近设计出一套能让人一生受用的健身计划，使注重健康的你从二十几岁开始，一直到花甲都能找到适合的运动方式，让你从运动中受益。

（1）二十多岁

二十多岁时可选择高、中级有氧运动、跑步或拳击等运动方式。对你的身体而言，好处是能消耗大量热量，强化全身肌肉，增进精力、耐力与手眼协调。在心理上，这些运动能帮助你解除外在压力，让你暂时忘却日常杂务，获得成就感。

同时，跑步还有激发创意、训练自律力的优点；而拳击除了培养信心、克制力与面对冲突的能力等好处外，更适合拿来当作"出气筒"。

（2）三十多岁

在三十多岁时建议选择攀岩、滑板运动、溜冰或者武术来健身。除了减肥，这些运动能加强肌肉弹性，特别是臀部与腿部；还有助于增强活力、耐力，能改善你的平衡感、协调感和灵敏度。

在心理上，攀岩能培养禅定般的专注功夫，帮助你建立自信与决策思考力；溜冰令人愉悦，忘却不快；武术帮助你在冲突中保持冷静、自强与警觉性，同样能有效增进专心的程度。

（3）四十多岁

在四十多岁时选择低、中级有氧运动、远行、爬楼梯、网球等运动。对身体的好处是能增加体力，增强下半身肌肉力量，特别是双腿，像爬楼梯既可以出汗健身，又很适合忙碌的城市上班族天天就近练习。网球则是非常合适的全身运动，能增加身体各部位的灵敏度与协调度，让人保持精力充沛，同时对于关节的压力也不如跑步和高、中级有氧运动来得大。

而在心理上，这些运动让人神清气爽，缓解紧张和压力。以爬楼梯为例，有规律地爬上爬下常是控制自己、让心情恢复稳定的好方法。同样，打网球除了有社交作用外，还能抛开压力与躁念，训练专心、判断力与时间感。

（4）五十多岁

在五十多岁时适合的运动包括游泳、重量训练、划船，以及打高尔夫球。游泳能有效加强全身各部位的肌肉弹性，而且由于有水的浮力支撑，不如陆上运动吃力，特别适合疗养者、孕妇、风湿病患者与年纪较大者；重量训练能坚实肌肉、强化骨骼密度，提高其他运动能力；而打高尔夫球时如果能自己走路、自背球袋，而且加快脚步，常有稳定心脏功能的效果。

心理上，游泳兼具振奋与镇静的作用，专心的划水让人忘却杂务；重量训练有助提高自我形象满意度，让压力与烦躁都随汗水宣泄而出；团队一起划船能培养协同与团队精神；打高尔夫球则可让人更专心、更自律。

（5）六十多岁

在六十多岁时建议你多做散步、交谊舞、瑜伽或水中有氧运动。散步能强化双腿，帮助预防骨质疏松与关节紧张；交谊舞能增进全身的韵律感、协调感，非常适合不常运动的人选择尝试；瑜伽能使全身更富弹性与平衡感，能预防身体受伤；水中有氧运动主要增强肌肉力量与身体的弹性，适合肥胖、孕妇或老弱者健身。

这些都不算是剧烈的运动，它们的最大功用是能使人精神抖擞，感觉有趣，并且有社交的作用，是让老年人保持年轻心态的一个好方法。

女人应该保护自己，珍爱自己的健康。这不仅仅是为了容貌的好看，更重要的是不让自己受病痛的折磨。从现在开始，女人要真正尊重并善待自己的身体，不应该只注意于外表的化妆，更要注重改变内在的体质，拥有健康的生活方式。

健康的女人才是最美丽的，美丽更因健康而丰富多彩。健康不仅仅是美丽的前提，也是人生成功的根基，唯有保持健康的身心，才能用最大的热情去工作，去成就女人心中的梦想，更让你的家庭生活幸福快乐。

3. 定期为自己做体检

"女人，关心自己同样重要。"很经典的广告词，说出了多么平凡深刻的道理。

女人的健康，在很大程度上并不属于自己。因为女人是一个家里柔韧的支撑，年幼的孩子、年迈的老人、奔波在外的爱人，这些，都需要女人一一照顾。所以，女人要对自己好一点，只有这样，才能对身边的人好一点。

一个健康的女人，首先要具备充满女性气质和魅力的前提。简单地说，女人的疾病，包含生理和心理两种。

心理疾病，实际上就是自己给自己增添的麻烦。女人天生心眼小，这似乎是不争的事实。通常来说，女人通常容易患上五种类型的心理疾病。

（1）神经衰弱

神经衰弱是因为长期的过度紧张、思想负担重等负性情绪以及极度疲劳引起的大脑高级神经系统失调的一种疾病。其异常表现是：经常头痛、头晕、烦躁、既易兴奋又易疲劳，夜间难以入睡，精神萎靡，注意力难以集中，记忆力衰退，情绪激动等。

（2）忧郁症

此病是因长期压抑、忧虑而引起的神经病态反应，主要有几个特点：身体及生理上的不良反应，如缺乏食欲、失眠、易疲倦，有的外表略有驼背姿势；认识与动机方面的消极反应，如自我评价低、否定自己或自我歪曲、总认为生活无希望、缺乏进取心；情绪的消极反应，如心情沮丧、情感淡漠、爱哭，多忧伤；有妄想、自杀的意念，总觉得自己的存在没有价值。

（3）焦虑症

焦虑症是在家庭生活或工作中受挫折，亲人病故、人际关系冲突等较强的心理因素刺激下发病。患者异常的心理表现是：心情沉重，缺乏安全感，总觉得别人在危害自己，常常预感到最坏的事情将要发生，出现莫名其妙的大祸临头感，而经常心烦意乱、坐立不安。同时，伴有植物神经功能紊乱的躯体症状，如手指麻木、四肢发凉、胸部有压迫感、食欲不振、胃部烧灼感等。

（4）癔病

癔病也称歇斯底里，大多由强烈的精神刺激，心理受到伤害导致大脑失调，呈现出心理变态。患有癔病的妇女表现出意识模糊，阵发哭笑，胡言乱语。反应强烈时，抓自己的头发，撕咬衣物，说唱谩骂，打滚，撞墙，无所顾忌。患者还不同程度地表现为运动障碍、感觉障碍，如突然四肢抽动或全身挺直、失明、耳聋、失语等。此病患者大多数是壮年妇女，以农村妇女居多。

（5）更年期综合征

女性的更年期又称绝经期，指最后月经来潮前后的一段时间。更年期开始后，卵巢逐渐衰退萎缩、激素分泌减少，性腺功能下降，直至排卵停止，月经断绝。在这个过程中，由于内分泌激素的一时紊乱，影响中枢植物神经的功能，使神经系统活动的平衡失调，对外界适应力降低，这就是妇女性激素减退时可激起心理波动的原因。更年期综合征的症状，从心理方面看，精神紧张、烦躁激动、情绪不稳、忧虑多疑、易怒等；从生理方面看，感觉忽冷忽热、眩晕头痛、失眠耳鸣、心慌手抖、四肢发麻、神疲乏力等。因此，要避免或减少更年期的不适症状，注意自身的心理调节，十分重要。

因此，做个从容的女人，这是对我们自己最正确的态度。对于那些不需要忧虑的事情，就放下忧虑，对那些不需要伤心的事情，就收敛感情，虽然这样很难，可是相比于一个健康的身体而言，没有什么能比这显得更加重要。生活中，我们可以去阳光下散步，心情太压抑的时候记得放自己几天假，去郊外踏青，有时候温泉或者森林公园也是不错的选择。带上爱人和子女，在蓝天绿地之间享受有限的生命和无限的幸福。只有这样，女人的女性魅力才能尽情展现。

另外，从生理健康的角度来说，体检是女性监督自己身体状况的重要手段之一。可是遗憾的是，在"2005中国女性生活质量报告"中显示，很多女性对于最能及时发现健康问题的体检明显不够重视，每半年检查一次身体的女性占7.3%；每年一次的占50.4%；两年一次的占5.3%；三年一次的占19.7%；四年一次的占2.7%；另外，还有14.5%的女性四年以上才检查一次身体。

虽然很多女性觉得做体检很麻烦，但是这是保护我们自己的最有效的手段。不要以为还年轻就忽视自己的健康，因为很多疾病和年龄没有什么本质关系。所以，作为女人，要把体检作为自己一生的计划列入重要议程，因为这样能令健康风险降到最低。

（1）妇科检查（每年一次）

做宫颈涂片检查，防止由人乳头瘤病毒（HPV）引起的宫颈癌。其次是盆腔检查、乳房检查及腋下、锁骨上等部位的淋巴结检查。

（2）乳房的自我检查（每月一次）

养成良好的自查习惯，熟悉自己乳房的正常形态及触摸时的感觉，一旦有异常就很容易引起警觉。检查的最佳时机是月经结束后，这时乳房较软且没有肿胀感，有利于获得敏感的触觉。在洗浴时自检最好，因为此时的皮肤被皂液湿润后，有助于手指在乳房表面平滑移动。

（3）乳房的X线透视拍片

如果母亲或姐妹没有乳腺癌，一般无需进行此项检查。

（4）全面体检（每年一次）

不要以为自己年轻、身体还好或很少生病就放过体检了，其实，每年做一次全面体检还是有必要的。医生会详细询问个人病史、相关的家族病史以及个人生活习惯方面的一些问题，然后抽血化验。

此外，还应该做牙科、视力检查，葡萄糖耐量试验，肝、脾脏触诊检查，以及尿液化验、血红蛋白化验、量血压等。这些检查的目的都是排除那些没有自觉症状的疾病。

（5）皮肤癌的自查（每年一次）

先对着落地式穿衣镜检查身体的正面，然后背对着穿衣镜，手持另一面镜子，依次观察肩、背、臀部及双腿的后侧面。另外，不要忽略双足的检查，只要看到面积超过6毫米（约一支铅笔粗细）的痣或痣表面呈凹凸不平状，应去确诊。如果皮肤原有的色素区域变大或颜色加深，也是一个值得注意的信号。

（6）皮肤癌检查（25岁以后每年一次）

即使仅仅在童年时被阳光晒过，也可能发生黑色素瘤。如这时候发现异常，只需做个小手术。因此，对全身的痣或色素斑做一次专业检查很必要。

（7）免疫接种

主要是两类疫苗：第一类是预防白喉和破伤风的细菌疫苗（中国习惯上是将白喉—破伤风—百日咳三种疫苗混合在一

起），初次接种是在小学或中学时，到23～25岁时应再进行一次增强接种；第二类是麻疹—风疹—腮腺炎病毒疫苗，成年人的麻疹感染会危及生命，风疹感染则往往造成流产或畸形。

　　"预防比治疗更重要"，学做一个聪明女人，首先就要学会保护自己，而定期的体检，就是一张握在手中的护身符。

4. 解除痛经的困扰

　　相当数量的女性，每次来月经前往往有下腹阵阵疼痛、乳房胀痛、易疲劳、忧郁、全身倦怠乏力等不适感，这就是令人特别苦恼的痛经。经期为何出现这类症状？主要是青春期女性的子宫颈比较细长，或未发育完好，经血流经处刺激子宫肌收缩而造成的。女性在月经周期中，随着内分泌的变化，生理和心理上也会发生较大的变化。

　　在经期前后，可通过膳食来调节，以助减轻疼痛：在月经前、中、后三个时期，若摄取适合当时身体状态之饮食，可调节女性生理心理上的种种不适，也是使皮肤细嫩油滑的美容良机。

　　（1）月经前烦躁不安、便秘、腰痛者，宜大量摄食促进肠蠕动及代谢之物，如生青菜、豆腐等，以调节身体的不适状态。女性月经来潮的前一周应吃些清淡、易消化、富含营养的食物，忌食咸食。咸食会使体内的盐分与水分增多，出现水肿、头痛的现象。可以多吃豆类、鱼类等高蛋白食物，多食用绿叶蔬菜、水果、全谷类、全麦面包、糙米燕麦等食物含有较多纤维，可促进动情激素排出，增加血液中镁的含量，有调整月经及镇静神经的作用。此外要多饮水，防止便秘，减少骨盆充血。

（2）月经初期，为减轻腰痛、没有胃口，不妨多吃一些开胃、易消化的食物，如枣、面条、薏米粥等。要少喝碳酸型饮料，这类饮料中大多含有磷酸盐，它与体内铁质产生化学反应，使铁质难以吸收。此外，多饮汽水还会影响食欲。

（3）月经期为促进子宫收缩，可摄食动物肝脏等，以维持体内热量。要吃营养丰富、容易消化的食物，不要吃刺激性食物和辣椒之类，还要少吃肥肉、动物油和甜食。吃饭前要按摩耳朵祛除疲劳，内心不要有不安和紧张。

（4）月经期会损失一部分血液。因此，月经后期需要多补充含蛋白质及铁钾钠钙镁的食物，如肉、动物肝、蛋、奶等。月经后容易眩晕、贫血者，在经前可摄取姜、葱、辛香料等；在经后宜多吃小鱼以及多筋的肉类、猪牛肚等，以增强食欲，恢复体力。烟酒等刺激性物质对月经也会有一定影响，如果不注意避免这些不良刺激，长此以往，会发生痛经或月经紊乱。

（5）香蕉、牛奶加蜂蜜对付痛经。牛奶中富含钾，它对于神经冲动的传导、血液的凝固过程以及人体所有细胞的机能都极为重要，能缓和情绪、抑制疼痛、防止感染，并减少经期失血量。蜂蜜是产镁的"富矿"，在月经后期，镁元素还能起到心理调节作用，有助于身体放松，消除紧张心理，减轻压力。

（6）借助维生素来对付痛经。B族维生素对减缓经前紧张症具有显著疗效，B族维生素中又以B区最为重要。此种维生素能够稳定情绪，帮助睡眠，使人精力充沛，并能减轻腹部疼痛，香蕉中含量较多，痛经女性不妨多吃一些。

（7）咖啡、茶等饮料会增加焦虑、不安的情绪，可改喝大麦茶、薄荷茶。避免吃太热、太凉、温度变化太大的食物。有大失血情形的女性，应多摄取菠菜、蜜枣、红菜（汤汁是红色的菜）、葡萄干等高纤质食物来补血。即将面临更年期的妇女，应多摄取牛奶、小鱼干等钙质丰富的食品。

当女性月经来潮时，会造成铁的流失增多。一般每次月经要额外损失18~21毫克的铁，所以女性要比男性多补充铁，以免造成铁缺乏与贫血。处在这一特殊时期，不但要注意营养摄取的全面均衡，而且给机体补充富含铁、蛋白质和维生素C的食物尤为重要。因为，维生素C能促进非血红素铁的吸收。女性在经期要做到饮食合理，注重补铁。那么，如何才能有效补铁呢？

（1）选用红枣10枚，枸杞子20克，血糯米40克，红糖20克。洗净后将其置于铁锅中加清水，先用旺火煮沸，改用文火煨粥，粥成时加入红糖，调匀。每日早晚分食一剂。原理是：食用此粥有养肝益血、补肾固精、丰肌泽肤的功效，适于营养不良、缺铁性贫血、面色苍白、皮肤较干燥及身体瘦弱者食用。体胖者忌食此粥。

（2）选用新鲜连根菠菜150~250克，猪肝140克。先将菠菜洗净，然后切成段，再把猪肝切成片。当锅内水烧开后，加入生姜丝和少量盐，再放入猪肝和菠菜，水沸后肝熟即可。原理是：菠菜、猪肝两味同用能补血，用于缺铁性贫血的补养和治疗。

（3）选用阿胶8克，黄芪16克，大枣9枚。先把黄芪、大枣用水煎，水沸一小时后取汤，将阿胶放入汤中溶化。每天早晚各一剂。原理是：阿胶补血，黄芪、大枣补气生血，三味同用能补气益血，用于贫血的补养和治疗。

无论是合理饮食还是食用药膳只是起到了防范与调节的作用，缓解了一些疼痛，如果有下列状况发生，就一定要去医院治疗。

（1）25岁以后或已婚，特别是已分娩者，痛经很剧烈，或者是一段时期痛经有所减轻，但最近又加剧，还有患子宫后屈或其他疾患可能者。

（2）经期体温升高，甚至发高烧者。

（3）经期过长或过短（正常为3~7天），或出血量过多者。经血中出现肝脏样块状物，且大于小指者。

（4）正常经血呈暗红色，含有陈旧性血液、黏液和脱落的子宫内膜碎块。若经血颜色呈淡茶褐色，或气味发生变化，应及早诊治。

5. 科学的睡眠带来强健体魄

人一生中有三分之一的时间在睡眠中度过，据说连续五天不睡觉人就会死去，可见睡眠是人生命中重要的组成部分。睡眠作为生命所必需的过程，是机体复原、整合和巩固记忆的重要环节，是保持身体健康不可缺少的环节。而最重要的是，倘若睡眠不足，精神不振，那么，一个本来很有气质的女人也容易给人萎靡不振的印象。

据世界卫生组织调查发现，全球27%的人有睡眠问题。其中失眠的女性比男性多，但只有4%的人会去看医生。30~60岁的女性一周日平均睡眠时间只有6小时41分钟。另外有调查显示：45~65岁的女性，每夜平均睡眠5个小时的女性比平均睡眠8个小时的女性，心脏疾病罹患率高39%；失眠还有可能增加饥饿感，从而影响身体的新陈代谢，导致保持或减少体重变得困难；同时，失眠会对她们白天的行为能力有影响。究其原因，女性独特的生理特性和不健康的生活习惯、过重的精神压力都是导致女性失眠的重要原因。

必须注意的是，失眠对女性健康有着多重危害。研究结果显示，那些失眠或是睡眠过多的女性，患心脏病的风险比每晚有规律地睡好8小时的女性高。

研究人员在长达十年的时间里对7.1万名妇女进行的调查发现，那些每晚只睡5小时或更少的人，冠状动脉变狭窄的风险比每晚得到8小时充足睡眠的人要高45%。

排除吸烟和体重等因素，同睡眠8小时的女性相比，平均每晚能睡好6小时的妇女得心脏病的风险高18%，睡好7小时的妇女患这种病的风险高9%。然而，美国波士顿布雷格姆女王妇产医院研究人员发表在《内科学文献》上的文章说，令研究人员感到意外的是，每晚平均睡9～11小时的妇女患病的风险也要高38%。

女性下列睡觉方式不健康：

（1）戴表睡觉

戴手表睡觉，不仅会缩短手表的使用寿命，更不利于健康。入睡后血流速度减慢，戴表睡觉使腕部的血液循环不畅。如果戴的是夜光表，还有辐射的影响，辐射量虽微，但长时间的积累可导致不良后果。

（2）戴假牙睡觉

装了全口假牙的人，在形成习惯前，可戴着假牙睡觉。一旦习惯后，就应在临睡前摘下假牙，将其浸泡在清洗液或冷水中，早上漱口后，再放入口腔。

（3）戴胸罩睡觉

调查显示，戴胸罩睡觉易致乳腺癌。其原因是长时间戴胸罩会影响乳房的血液循环和部分淋巴液的正常流通，不能及时清除体内的有害物质，久而久之就会使正常的乳腺细胞癌变。

（4）手机放枕边睡觉

手机在开机过程中，会有不同波长和频率的电磁波释放出来，形成一种电子雾，影响人的神经系统等器官组织的生理功能。国外研究还表明，手机辐射能诱发细胞癌变。

（5）带妆睡觉

带着残妆睡觉，化妆品会堵塞肌肤毛孔，造成汗液分泌障碍，妨碍细胞呼吸，长此以往会诱发粉刺，损伤容颜。睡前彻底清除残妆，不仅可保持皮肤润泽，还有助于早入梦乡。

（6）微醉入睡

一些职业女性的应酬较多，常会伴着微醉入睡。医学研究表明，睡前饮酒，入睡后易出现窒息，一般每晚两次左右，每次窒息约10分钟。长久如此，人容易患心脏病和高血压等疾病。

针对这些不健康的睡眠方式和可能造成的后果，从自身生活习惯的改善着手显然来得更为明智。

（1）少喝含咖啡因饮料和含酒精饮料；

（2）借由精神上的放松、规律的运动，重新培养定时睡眠的习惯；

（3）适度暴露于日光之下，帮助调节生理时钟；

（4）每天清晨起床后散步半小时，帮助调节睡眠状态；

（5）用遮光性强的窗帘；

（6）吃得太饱时不要立刻睡觉；

（7）睡前两小时不进食（可以喝水），特别不能吃含纤维素高的食物；

（8）睡前一小时不做剧烈运动，睡前半小时不看过于伤感的小说或电影、电视；

（9）养成用热水泡脚、洗澡的好习惯；

（10）睡前沐浴，不仅可以缓解压力，还可以促进新陈代谢；

（11）选择合适的床上用品；

（12）保持卧室内合适的温度、湿度；

（13）不要将闹钟放在距离身体太近的地方，它的"嘀嗒"声毫无疑问是种干扰。

另外大家都知道，睡前喝一杯牛奶有助于入睡，但对于牛奶过敏的女性，吃一个苹果也同样好用。另外平日多食用一些可以提高睡眠质量的食物，如红枣、百合、小米粥、核桃、蜂蜜、葵花子等都可以提高睡眠的质量；或者将牛奶和燕麦片放在一起同煮，不仅可以作为晚餐时候的粥品，同时还有安神催眠的作用。

总之，与其治标不治本地服用安神类药物，远不及健康饮食、健康生活来得重要。只有那些看似烦琐却最天然的手段才能对我们的身体产生毫无副作用的效果。在这里值得一提的还有，睡眠过多也容易引起心脏病，因此，每天8小时的睡眠无疑是最科学、最有效的保健方式。

如果睡不着觉，尽量不要吃安眠类药物，因为此类药物的依赖性很大，逐渐难以摆脱。不如采取食疗的方式，坚持散步和正常运动，保持舒适卫生的生活习惯。只有健康的睡眠才能在带来强健体魄的同时令女人容光焕发，这就是为什么人们把充足的睡眠叫作"美容觉"的原因。

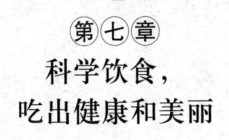

第七章
科学饮食，
吃出健康和美丽

　　女人都希望自己有一副娇好的容颜。其实，除了体育锻炼之外，合理地调整你的饮食习惯，适量地补充身体所需的营养，你也可以拥有一副健康而美丽的容颜。换言之，吃，也可以换来健康和美丽。

1. 女人的美丽是吃出来的

《黄帝内经》将女人的生理机能以7年为一阶段。女子7岁时肾机能充盛，乳牙更换，头发生长；14岁性机能成熟，月经按时而行，故有了生育机能；21岁牙齿生长得更好，皮肤白里透红；28岁筋骨坚强，头发生长到了极度，生长达到了最旺盛的时期；35岁内脏供应头面的气血衰退，所以面部开始憔悴，头发开始脱落；42岁脏腑供应头面的气血更加衰退，面部更加憔悴，头发开始发白；49岁内脏机能衰退，月经断绝，身体衰老而不能生育。

由此看来，女性从35岁开始体质上、生理上开始衰退，但人到中年又是生命和才能的黄金时节，来自社会和家庭的压力迫使她们更加勤奋地去创造财富，这就需要女性从现在开始积极注意养颜防衰，不但要注意美容美发，更应注意营养的调补，以保全内部脏腑的精气，以行之有效地防止和延缓自然规律带来的衰老。

女人的饮食是一门学问，也是女性抗衰老的核心问题。对于繁忙和压力过大的现代职业女性而言，更要重视饮食调养。现代人的调养有两种方式，其一是注重传统和基础营养的方式，比如注意果蔬、肉类、豆类、谷麦类以及低脂和无脂食品的合理均衡摄取；其二是选用科学而效率更高的健康食品，也就是常说的保健品。

不管采取哪类方式，都有许多行之有效的具体方法。在诸多的方法中，最主要的还是先从最基础的事项做起。具体的计划要求是：

（1）坚持每日多喝水

水是美容圣品，也是最经济实惠的美容佳品，建议女人养成清晨空腹饮水的习惯。每天应喝足6～8杯水，以补充足够的水量。随着年龄增大，体内细胞水分减少，多喝水就更为重要。

（2）食物的种类必须要均匀

为了美容也好，保健也好，五谷类食物、新鲜蔬菜、鱼类、蛋白质及适量的肉类均是重要的饮食成分。任何一种吃得太多，都会造成偏食，长远来说更会导致营养失衡。女人应尽可能多食用如豆腐、海带、萝卜等小生食物，可以使人体呈弱碱性，有益于促进细胞的新陈代谢，使肌肤健康、平滑、富有光泽，这类食物被称为美容食品。同时应控制如鸡肉、牛肉、玉米、啤酒等弱酸性食品。减少食物中的盐分和糖分含量，以减轻内脏功能负担，并应保持三餐饮食营养均衡，使得内脏功能运转正常化，这是创造良好肌肤状况的一大要素。

如果你已届中年，可以选择多吃素食，减少肉类。尽量避免吃高热量、高脂肪、高胆固醇的食物，以免影响心脏功能。

如果你社交频繁，经常参加宴会，便要避免摄取过高热量。当然，你可以考虑服用营养补充品，补充身体营养的不足及平衡体内的需要。

（3）每日三餐必不可少

单身一族往往忽略早餐，又或者平日吃得很简单，留待周末时才大吃大喝。这种饮食方式不但对健康无益，相反会给消化系统带来极大压力，脂肪容易积聚，更容易造成肥胖。

（4）多喝乳酸饮料

乳酸饮品和酸奶酪中富含具有生命力的菌类，可以增强人体的免疫功能。食物中有益健康的菌类能够帮助你的免疫系统抵御所有的突袭，比如肠胃不适、流感和口疮。

因此，每天食用一小杯酸奶即可有最大程度的健康收益。与一小茶匙的蜂蜜调和，或者与低脂干酪同食，既美味又健康。需要记住的是，酸奶越酸越营养，因为酸度的高低直接体现了益生菌密度的大小。

（5）蔬菜水果要科学地吃

蔬菜水果不但为你带来维生素及矿物质，更令你每日大便顺畅，长远亦可减少患盲肠炎或胆结石的可能。不少女人过于注重蔬菜水果，过多食用蔬菜水果，而忽略其他营养，这会衰减皮肤细胞组织功能。此外，直接供给皮肤细胞的营养主要为蛋白质、脂肪，其中以蛋白质最为重要，它是构成真皮层弹性胶原纤维的重要部分，对维持人体正常的新陈代谢起着非常重要的作用，它可以维持皮肤健康，参与细胞的能量代谢。因此，适量地食用优质蛋白质是值得女性重视的。当然除了上述的健康饮食外，我们还要照顾我们的心灵、情绪以及其他生活习惯。

（6）不要过多地食用精制的碳水化合物

炸薯条会让脸上长痘痘，但根源并不在油，而是土豆。据最新的研究发现，若你的饮食主要是以蛋白质、水果和蔬菜构成，不含或含少量碳水化合物，比如面包、土豆和甜食等，那你的脸上长痘痘的机会就会比别人少。因为，这些碳水化合物会使体内的胰岛素水平大大提高，并引起一系列的反应，直到最后引发起疹。

（7）控制食量

控制食量是女人进食特别要注意的环节。进食不能有饱的感觉，饱感已经是进食过量的信号。过量进食，不仅直接影响体重，还会增加肠胃的负担，影响皮肤吸收营养，降低皮肤抵抗能力，出现过早老化的问题。

（8）补充必要营养

很多女性都会受到经前综合征的困扰。无论是情绪不定或者局部胀痛，常常都是由于营养匮乏造成的。有几种简单但是极其有效的办法可以帮助女性缓解这种问题。研究表明，每天摄取200毫克的镁能在两个月后减少体内的经前滞留物，每天50毫克维生素B$_6$的补充，仅在一个月后便可有效缓解经前焦躁的症状。实验还表明，草本精华可防治几乎所有的经前不良症状。

因此，女性应多吃富含牛乳和奶制品的食物以补充体内钙质。野生谷类、坚果和绿叶蔬菜都能帮助你摄入足够的镁。

许多女人由于精神痛苦，面对各种问题可导致身体"透支"，因营养不平衡而影响身体健美。因此，她们更应注意做好日常膳食调理工作。

"女人的美丽是吃出来的"，这话很有道理。但这里的"吃"不是暴食暴饮，不是三天吃、两天不吃，更不是没头没脑地傻吃。这里的"吃"是有节奏的吃，有准备的吃，有选择的吃，有心的吃，更似调养。调养对于女人，如根对于花。有根，才年年有花香；无根，只能花开一时。同样，只有调养，女人才能时时光润，岁岁美丽。

2. 有些营养素，女人必须吃

每个女性都是爱美的，但是多数女人认为使用高级化妆品能挽留住青春，还有的女性把美丽交给了美容院，其实这都是错误的观念。要树立"吃的美容新理念"，每个女性要知道，通过营养来获得健康、获得美丽是一条捷径。

营养是构成人体的主要物质，构成人体的营养素有七大类：蛋白质、脂肪、维生素、碳水化合物（糖类）、矿物质（无机盐）、水和纤维，这是健康和美丽的源泉。我们在这里主要谈一下这七大营养素与美容的关系。

（1）蛋白质

蛋白质是生命的基础，是构成更新、修补组织和细胞的重要成分，是促进人体生长、发育、补充能量的重要物质。适量的蛋白质能维持皮肤正常的新陈代谢，使皮肤细白滑嫩，富有光泽和弹性，头发乌黑发亮，指甲透明光滑。缺少蛋白质，机体就会变得消瘦无华，皮肤弹性降低，皮肤干燥，无光泽，早生皱纹，头发枯干脱落等。

大家都知道肉、蛋、奶、鱼是提供动物蛋白质的主要食物。植物蛋白质也有很好的完全蛋白质，如豆类蛋白质。此外，葵花子、杏仁、栗、荞麦、芝麻、花生、马铃薯及绿色蔬菜中也都含有丰富的完全蛋白质，可以补充食用。

（2）脂肪

脂肪是人体能量的来源之一，脂肪存储在皮下，可滋润皮肤和增加皮肤弹性，推迟皮肤衰老。人体皮肤的总脂肪量占人体总重量的3%～6%。脂肪摄入不足，皮肤会变得粗糙，失去弹性。食物中的脂肪分为动物脂肪和植物脂肪。过多食用动物脂肪会加重皮脂溢出，促使皮肤老化。而植物脂肪不但有强身健体作用，还有很好的美容皮肤的作用，是皮肤滋润、充盈不可缺少的营养物质。此外，植物油脂中还含有丰富的维生素E等营养皮肤及抗衰老成分。

（3）维生素

维生素对人体正常生长发育和调节生理功能至关重要。缺乏维生素易使皮肤粗糙。维生素A能促进皮肤胶原蛋白和弹力纤维的生长与再生，更新老化细胞，加强细胞的结合力，避免和减少皱纹生长。维生素C有益于美白肌肤。维生素E能强健肌肤，抵御肌肤压力，清除自由基，促进皮肤微血管循环，让皮肤明亮干净，肤色自然红润有活力。蔬菜水果是维生素的主要来源。

（4）碳水化合物

碳水化合物是人体的主要能源物质，人体所需要的能量70%以上由碳水化合物供给，它也是组织和细胞的重要组成成分。碳水化合物能促进蛋白质合成和利用，并能维持脂肪的正常代谢和保护肝脏，从而从根本上起到美容养肤的作用。五谷类是碳水化合物的主要来源。增加碳水化合物摄入量，还可减少脂肪摄入量，预防慢性病的发生。

（5）矿物质

矿物质是人体必需的元素，是骨、牙齿和其他组织的重要成分，能活化激素及维持主要酶素系统，具有十分重要的生理机能调节作用。矿物质的主要来源是蔬菜、水果类。在美容护肤方面，矿物质起着重要作用。如铁缺乏时，可引起缺铁性贫血而出现面色苍白，并可导致皮肤衰老及毛发脱落；锌缺乏时，不仅可使皮肤干燥无光，保护作用降低，而且可以引起各种疾病，如痤疮、脱发及溃疡等；铜缺乏时，可引起皮肤干燥、粗糙，面色苍白，头发干枯等。

（6）水

水是人体体液的主要成分，约占体重的60%，有调节体温、促进体内化学反应和润滑的作用。水还具有传送的功能，人体通过水来吸收各种各样的营养物质，也借助水来排泄运送代谢物。因此合理地给机体补充水分，营造身体内正确的水流方向，是维持健康的一个有效方法。

每天饮用的水是身体内水的主要来源，从美容的角度来讲，体内水分充足，才能使皮肤丰腴、润滑、柔软，富有弹性和光泽。当皮肤缺水时会干燥起皱，缺乏柔软性和伸展性，加速皮肤衰老。

（7）纤维

纤维是植物中不能被消化吸收的成分，是维持健康不可缺少的因素，它能软化肠内物质，刺激胃壁蠕动，辅助排便，并降低血液中胆固醇及葡萄糖的吸收。

人体肠道内每日都有废物聚积，如不及时排出，会产生有害的物质，不但对人体健康有害，还会造成一些皮肤疾患，如痤疮及酒渣鼻等。纤维素可清除有害物质，保持肠道功能正常，大便通畅，从而使皮肤健美光滑。纤维还具有较强的吸水功能和膨胀功能，容易使人产生饱腹感并抑制进食，对肥胖人群有很好的减肥作用。

纤维含量高的食物主要有米糠、麦糠、燕麦制品、豆类、小麦及蔬菜等。

那么，七大营养素究竟有哪些生理作用呢？

蛋白质的生理作用：

（1）构成和修复身体各种组织细胞的材料。人的神经、肌肉、内脏、血液、骨骼等都含有蛋白质，这些组织细胞每天都在不断地更新。因此，人体必须每天摄入一定量的蛋白质，作为构成和修复组织的材料。

（2）构成酶、激素和抗体。人体的新陈代谢实际上是通过化学反应来实现的，在此过程中，离不开酶的催化作用，如果没有酶，生命活动就无法进行，而这些各具特殊功能的酶，都是由蛋白质构成的。

（3）维持机体的酸碱平衡。机体内组织细胞必须处于合适的酸碱度范围内，才能完成其正常的生理活动。机体的这种维持酸碱平衡的能力是通过肺、肾脏以及血液缓冲系统来实现的。蛋白质缓冲系统是血液缓冲系统的重要组成部分，因此说蛋白质在维持机体酸碱平衡方面起着十分重要的作用。

脂肪的生理作用：

（1）供给机体热能。

（2）提供人体必需的脂肪酸。

（3）磷脂中的不饱和脂肪酸与胆固醇结合形成胆固醇酯，使胆固醇不易沉积于血管壁，可使血管壁上胆固醇进入血液，然后排出体外，有降低胆固醇的作用。

碳水化合物的生理作用：

（1）提供热能。人体中所需要的热能60%~70%来自于碳水化合物，特别是人体的大脑，不能利用其他物质供能，血中的葡萄糖是其唯一的热能来源，当血糖过低时，可出现休克、昏迷，甚至死亡。

（2）构成机体和参与细胞多种代谢活动。在所有的神经组织和细胞核中，都含有糖类物质，糖蛋白是细胞膜的组成成分之一。此外，糖类物质还是抗体、某些酶和激素的组成成分，参加机体代谢，维持正常的生命活动。

（3）帮助脂肪代谢。脂肪氧化供能时必须依靠碳水化合物供给热能，才能氧化完全。

矿物质的生理作用：

（1）维持水电平衡。钠和钾是维持机体电解质和体液平衡的重要阳离子。体内钠正常含量的维持，对于渗透平衡、酸碱平衡以及水、盐平衡有非常重要的作用。

（2）维持机体的酸碱平衡。细胞活动需在近中性环境中进行，氯、硫、磷等酸性离子和钙、镁、钾、钠等碱性离子适当配合，以及重碳酸盐、蛋白质的缓冲作用，使得体内的酸碱度得到调节和平衡。

（3）参与人体代谢。磷是能量代谢不可缺少的物质，它参与蛋白质、脂肪和糖类的代谢过程；碘是构成甲状腺素的重要成分。而甲状腺素有促进新陈代谢的作用。

食物纤维的生理作用：

（1）利于通便。膳食纤维有很强的吸水能力，可以增加肠道中粪便的体积，促进肠蠕动，防止便秘。

（2）利于食物的正常消化吸收。膳食纤维可以促进肠道消化液的分泌；同时，由于能加速肠内容物的排泄，有利于食物的消化过程。

（3）降低血清胆固醇和防止动脉硬化。由于膳食纤维与胆囊排入肠道中的胆酸结合，限制了胆酸的吸收，这样，机体就要消耗体内的胆固醇来合成胆汁，使血中胆固醇浓度降低，也减少了胆固醇在血管壁上的沉积，防止动脉硬化的形成。

（4）调节热能摄入，控制体重。膳食纤维能增加饱腹感，使单位重量膳食中的热能值下降。这样可减少总热能的摄入量，防止热能过剩使体重超重。

水的生理作用：

（1）构成体液的主要组成部分。人体内的水液统称为体液，它集中分布在细胞内、组织间和各种管道中，是构成细胞、组织液、血浆等的重要物质。

（2）运输的媒介。水作为体内一切化学反应的媒介，是各种营养素和物质运输的介质。

（3）参与机体的各种代谢。水可以帮助机体消化食物、吸收营养、排除废物、参与调节体内酸碱平衡和体温，并在各器官之间起润滑作用。

总之，水是人体生命的源泉，人们天天接触的最主要的外环境物质之一就是水。只有重视水的卫生并随时合理调整，加以利用，才能发挥水对人体的最佳生理作用。

3. 对症进"食"，健康无忧

我们过去听得最多的是"辨证治病，对症下药"，现在饮食也已经在主张"辨证饮食，对症下食"了，这是一个进步。很多女性，特别是年轻女孩子不重视饮食，她们对饮食的需求仅仅是好吃、满足口福之欲罢了。

科学饮食，在于提倡人们要了解各种食物的特性与功效，并根据自己特定的体质状况，针对性进食，而不是泛泛的"营养"：鸡蛋有营养吃鸡蛋，牛奶有蛋白质就猛喝牛奶……提升食物功效，增强体能和免疫力，有效预防疾病，并协助疾病康复，是"辨证饮食"最核心的意义。用这种方法时，可以先通过中医了解体质和器官的功能状况，再结合现代化身体检查手段，了解身体组织器官整体健康状况，在每餐中安排适当和适量的食物，利用食物的特性与功效调养身体，达到养疗双效的作用。

每一种食物都有自己的特性与功效，并有酸碱度，在食用时应针对性搭配，并随时让身体保持良好的弱碱性血质，让细胞在良好的血质滋养中正常生长，以利于大量减少自由基，预防细胞病变，有效地降低许多疾病尤其是慢性疾病的发病率。由于每个人的体质、生活饮食习惯及生活环境等各不相同，目前大多数人选择的一些饮食健康方式是比较初级的。例如，苹果尽管对身体有益，但对胃肠功能不好的人，苹果会使肠的蠕动更加迟缓，引起腹胀或便秘。单一地采用一些饮食建议可能会因错误饮食造成双重伤害。

在摄取食物时，要特别注意体质问题。体质偏热者，尽量避免吃辛辣、燥热、坚果类、种子类、豆类等食物；体质偏寒者，尽量避免吃太冰凉、偏寒凉、不易消化的食物，生鲜食物不宜多吃；消化系统不良者，尽量避免吃刺激性、燥热性、不易消化的食物；心脏功能不良者，尽量避免吃可增加血浓度的、燥热的、高油脂、高蛋白的食物；呼吸系统不良者，尽量避免吃增加血浓度、燥热性、高油脂、易产生痰湿的食物；实证体质者，宜多吃有净化性、少油脂、低蛋白质的食物，尽量做到不饿不吃，饿了再吃；虚证体质者，可采取少食多餐的吃法，营养均衡完整摄取，饿时即刻补充，即使在半夜里，否则第二天会更虚；肥胖体质者，营养完整精简，尽量少吃，食量减少，让胃容量缩小，把握"不饿不吃，饿了再吃"的原则，每次不宜超过七分饱，甚至不能有饱的感觉。

一直以来很多专家提倡定时定量的饮食方法。目前，国际上的抗衰老专家提出了一种新的饮食方法，就是回到原生态，像类人猿时期，捕到食物就吃，没捕到就不吃。专家认为，人的很多疾病是吃出来和撑出来的。

饮食还需要特别注意食物的烹调方式。比较好的烹调方式为煮、烧、炒，煮的时候应尽量用清水煮，少用动物性油或多调味料，以免增加血浓稠度，或增加对身体不利的物质。烧，则可添加豆瓣、酱油或其他各种经由自然发酵制作的食物或调味料一起烧煮。经发酵的物质，多数含有丰富消化酵素及多种维生素，对人体很有帮助。炒菜时，尽量采用冷油炒方式，不采用高温将油及食物等爆炒至产生燥热性，可将油和洗好切好的食物放入锅内同时炒至热，再放入适量的盐等调味料。应尽量少用的烹调方式是炸、烤、煎、熏。添加适量的盐、糖、醋、酱油等调味料，可增强人的食欲，对身体健康有帮助，但是添加过量，就会造成身体负荷或伤害，尤其是添加劣质调味料。

食用油对我们的饮食健康非常重要。国际专家提倡的最好的食用油是红花籽油和橄榄油，而不是目前市场上流行的花生油、菜籽油等。

同时还应该注意以下的饮食方法：

（1）随时要注意均衡完整摄取各种营养素，吃上要讲究多花样，要尽量多吃自然食物，避免吃劣质食品或不适合个人体质的食物。

（2）每餐多食碱性食物，如成熟的蔬菜水果类，成熟的蔬菜水果含有丰富的营养素，这样可以随时保持弱碱性体质。

（3）蔬菜或水果最好生吃，但不可过量。适当适量摄取，才能达到理想功效，体质偏寒或在经期内，不宜生吃蔬菜。

（4）芽菜含有丰富的活性蛋白质与帮助消化吸收蛋白质氨基酸的酵素，可以经常摄取，但也不宜过量。

（5）菇菌类及海藻类食物具有特殊营养成分，一般每周最好摄取2~3次，偶尔适量补充，有助于保健与疾病康复。

（6）菜豆类食物必须煮熟吃，大多数人可以经常吃，但核果类、豆类及种子类食物不宜常吃或多吃，否则易产生燥热。

（7）食物以少油盐方式调理为宜，但不可无油盐，否则体质会很虚弱；尽量以冷油炒或清煮方式烹调；用炸烤煎等方式会将食物劣质化，易产生有害物质。

（8）饮食不宜偏，不可摄取过量，不过分饥饿，更不能饱甚至有撑感；少吃刺激性食物，避免吃太坚硬不易消化的食物，勿吃太烫或太凉的食物。

总之，善用食物特性及功效，根据个人体质所需对症饮食，避免误吃伤身，多吃有益于个人体质与能协助身体康复的自然无污染食物。

4. 三餐要变，健康由你

随着人们生活质量的不断提高，越来越多的人开始关注健康问题。在健康的总分中，遗传基因占15分，环境占17分，医疗占8分，共40分；而科学的生活方式占60分，其中科学膳食就占13

分。可以说饮食决定人们的健康，但是在日常生活中，很多人忽视了饮食健康，或者说走进了饮食健康的误区。

很多人花大把的钱买补品追求健康，却认为在平平常常的一日三餐中也能吃出健康似乎是天方夜谭，但科学证明一日三餐对人们的身体健康很重要。因为我们平日饭桌上的很多食物都有一些鲜为人知的药用价值，有些头疼脑热的小病很容易就被治愈。而且每种食物所含热量和营养不尽相同，这就要求我们根据自身的需求，完善现有的饮食结构，合理搭配。

到目前为止，人类食品已有数百种，大致分为谷类、豆类、蔬菜类、水果类、肉类、水产品类、蛋类、奶类等，每种食物所含热量和营养素不尽相同，因此食物必须合理搭配，保证人体生理代谢所必需的养分。为了便于搭配，我们一般把食物分为主食和副食两大类：

主食：主要指米、面等谷物粮食，可以供给人体热能、无机盐和B族维生素。

副食：主要指含蛋白质、无机盐和维生素的食品，如动物性食物、大豆及其制品和蔬菜类，主要作用在于更新、修补人体组织，调节生理功能，通常又称保护性食品。

怎样才能做到合理搭配、科学膳食呢？我们要根据身体的需求，完善现有的饮食结构，注意蛋白质、维生素、脂肪等几大营养素的搭配，调整粮食、果蔬、动物性食物的比例。有这样一句话很好地体现了科学膳食原则："一把蔬菜一把豆，一个鸡蛋加点肉，五谷杂粮要吃够。"

为了自己与家人的健康，要注重合理的膳食搭配方案，从一日三餐开始。一般来说，我们一日三餐的间隔要合适，饮食的量也要控制好，另外要讲究饮食卫生。具体来讲，就是一句俗话：

"早饭吃好，中饭吃饱，晚饭吃少。"

不是所有的人都得按一个标准饮食身体才会健康。因为地区、季节、个人生活习惯不同，特别是城乡居民生活条件的差距，环境和个体差异等，使得不少人可能难以做到。根据大众习惯，并结合有关资料，我们提出以下几项搭配原则和方法供大家参考：

（1）主食间的搭配

主食种类很多，各品种所含有关营养素的质和量也会不同，人体要全面均衡获取营养素，这样才有利于健康，因此我们必须注意科学搭配。

（2）粗粮和细粮的搭配

如大米加绿豆，红小豆和绿豆合蒸干饭，红小豆大米粥，面粉和玉米粉合蒸馒头等，其中民间的"腊八粥"是最好、最科学的粗、细粮搭配的典型食品。

（3）干稀搭配

干稀搭配的食物容易消化吸收，特别是对中老年人比较适宜，常用的搭配有玉米面粥加馒头、花卷，大米粥加玉米面发糕等。

（4）副食间的搭配

副食主要给人体提供蛋白质、脂肪、维生素及无机盐等营养物质，可保证生长发育，维持体内平衡。各种副食所含营养物质各不相同，科学合理搭配可优势互补，取长补短，使人体得到全面充分的营养，有益于增进健康。

（5）荤素搭配

荤素搭配是人们最常用也是最好最重要的搭配，人们常说"两天不吃青（蔬菜类），肚里冒火星"，"三天不吃肉，身体要变瘦"。科学和实践也证实荤素搭配有两大好处：可以达到蛋白质互补，如富含植物蛋白质的豆制品、富含动物蛋白的肉类及禽类食品的搭配可极大地提高其蛋白质的营养价值，如"红烧肉加面筋""鱼头烧豆腐"等。含丰富蛋白质的食品和蔬菜搭配，可以得到丰富的维生素和无机盐，同时还可以充分利用蛋白质，如"大葱烧豆腐""腐竹炒油菜""小白菜炒豆皮"等。

荤素搭配还可以调节人体内的酸碱平衡。一般来说，动物性食物都属于酸性食物，如果动物性食物摄入较多，易造成人体偏酸性，体内酸碱平衡失调；而很多植物性食物属于碱性食物，如果二者一起食用，则可保持人体内的酸碱平衡（人体血液的正常pH值为7.35~7.45）。所以荤素搭配不仅可使人体从中获得丰富的营养素，还可保持体内的酸碱平衡，极有利于身体健康。

（6）生熟搭配

主要指蔬菜的生熟搭配（广东省和一些少数民族地区的人们爱吃生鱼及半生的牛、羊肉除外）。大家都知道，蔬菜中富含的维生素C和B族维生素遇热容易受到破坏，所以加温烹调可使蔬菜中的维生素损失，因此适当生吃一些新鲜的蔬菜，既可摄入较多维生素，增加营养，又可促进食欲（特别是夏季）。常用可生食的蔬菜有西红柿、"心里美"萝卜等，当然生吃菜必须严格注意卫生，一定要认真清洗或消毒后食用。

5. 健康饮食，八宜八忌

民以食为天。解决温饱之后，人们对于各种美味中所隐藏的神奇奥妙愈加关注。为了从日常饮食中获取更多的营养，或是改变自身的健康难题，人们开始对食物越来越挑剔、越来越苛求，因为一分一厘的取舍对于我们来说都至关重要，直接影响着人类的健康。不仅如此，健康的饮食习惯也至关重要。

饮食抗衰八宜：

一宜：早些饮食。人的身体经过一整夜的睡眠，胃肠早已空虚，因此，在清晨早起时，我们每每感到腹中空空，饥肠辘辘。这时就急需进食，使自己的精神处于振作状态，促使精力充沛。所以，我们说，早餐宜早。同样，晚餐也不宜迟，这是因为食物消化需要一个过程，如果你在饭后马上进入睡眠状态，就会使食物停滞在胃里，从而容易引起消化不良等慢性胃肠道疾病，因此，晚餐也不宜太晚。

二宜：缓些饮食。最健康的饮食方式应该是细嚼慢咽，这样能使唾液大量分泌，唾液中含有淀粉酶、溶菌酶及分泌性抗体（免疫球蛋白A）等物质，它们不仅能帮助消化，而且还有杀菌、抗病毒的作用。而且，我们知道，细嚼还可以使食物磨碎，这样既可减轻胃内负担，又可促进胃的消化。众所周知，缓食可使胃、胰、胆等消化腺得到缓和刺激，逐渐分泌消化液，不致因狼吞虎咽而使消化器官难以适应。不仅如此，缓食还可以使吞、呛、咳现象得以避免。

三宜：少量饮食。人体营养虽然来自饮食，但饮食过量，往往可损伤胃肠等消化器官，特别是肥肉烈酒、滋腻腥荤等不易消化的食物，最能伤人胃气，嗜味多食，每每会导致消化不良，引起胃肠及胰腺疾病，如急性胃炎、急性胰腺炎等，让人苦不堪言。

四宜：清淡饮食。在日常的饮食中，多吃一些淡味对健康是十分有好处的，当然淡味并非是不食有滋味的饮食，而是指五味要淡，酸、苦、甘、辛、咸不可偏嗜，且要不吃油腻厚味，以素食为主。

五宜：温暖饮食。我们清楚地知道，胃是喜暖而不喜寒的。所以，肠胃不好的人，饮食一定要暖，少食用生冷的食物，这样有利于胃的消化吸收。尤其是体虚胃寒的病人，更应慎重。但也要注意，热食也不可太热，极热则烫伤咽喉、胃脘，正所谓"过犹不及"。

六宜：烂软饮食。硬坚之食，最难消化，而筋韧半熟之肉，更能伤胃，尤其是胃弱的年高之人，极易因此患病，所以煮饭烹调鱼肉瓜菜之类，须煮烂方可食用。

七宜：定量定时。吃饭要定时定量，这对维持胃肠正常功能，保持其工作规律性非常重要。饮食应适可而止，常处不饥不饱状态的节食理论，与现代科学所主张的观点非常一致。

八宜：节制饮食。古代养生家有道："谷气胜元气，其人肥而不寿，元气胜谷气，其人瘦而寿。养生之求，常使谷气少，则病不生矣。"这句话意思为，肥胖者必须通过消减主食（谷气）来加强元气（脏腑功能），这样才能避免由肥胖而带来的一系列胃肠道和心血管疾患，有望达到延年益寿的目的。

饮食健康八忌：

一忌：暴饮暴食。一次饮食量过多，使胃的负担骤然加重，引起严重的消化不良、腹痛、腹泻，重则发生急性胃扩张、胃穿孔。如进食过多的荤腥食物促使胆汁、胰液大量分泌，有发生胆道疾病和胰腺炎的可能，也容易诱发心脑血管疾病，给健康和生命造成的危害是难以弥补的。

二忌：快饮快食。人在大饥大渴时，最容易一次吃得过饱和饮水过多，从而使胃难以适应，造成不良后果。一代医圣孙思邈总结这方面经验教训后告诫道："不欲极饥而食，食不可过饱，不欲极渴而饮，饮不欲过多。"如果一旦出现饥渴难耐的情况，重温这些训诲，做到以缓进食，渐渐饮水，就可避免受到伤害。

三忌：勉强进食。人在精神高度紧张、长期压抑、脏腑机能严重失调或有胃肠道疾患时，会出现食欲不振、不思饮食。在这种情况下，就不要勉强进食，梁人陶弘景《养生延命录》中说："不渴强饮则胃胀""不饥强食则脾劳"。总之是伤脾胃。中医认为脾胃是人体健康的"后天之本"，所以保护脾胃是健康长寿的关键环节。对于不思饮食的积极办法是，调整饮食制度，加强体力活动，参加娱乐活动，保持精神愉快，创造轻松的进食环境，烹调色香味齐全能诱人食欲的饭菜，同时积极治疗疾病，这样才能逐步消除厌食情况。

四忌：蹲着饮食。北方某些地区有蹲着吃饭的习惯，这种习惯很不好。因为，人在蹲着时，为了保持身体重心的平衡，上身必须稍向前倾，食道角度也要随之改变，上腹部受到挤压，影响胃的蠕动，食道呈牵拉状，使人很不舒服。长时间蹲着，由于下肢弯屈，腹股沟动脉受到压迫，血液循环受阻，因而妨碍了腹腔内动脉向胃部的供血，影响胃的正常消化功能。经常蹲着吃饭的人，易患胃溃疡和消化不良等。

五忌：滚烫饮食。有一些人在日常饮食中，十分喜喝滚烫的米粥，还有一些人喜欢吃刚出锅的饺子，这些都是很不好的，是应该禁止的。原因何在？这是因为烫食能使口腔黏膜充血，造成溃疡也损害牙龈和牙齿，使牙龈溃烂或发生过敏性牙病，烫食还能使食道黏膜受损发炎，长期下去有可能发生恶变。据一些专家认为，食道癌的发生与经常吃烫食的关系很大。

六忌：囫囵吞枣。通过观察，我们发现有些人吃饭"狼吞虎咽"，囫囵吞枣，结果食物在嘴里咀嚼不完全，加重胃的负担；影响消化，长久下去会造成胃炎或胃溃疡，不得不走进了医院，寻求医生的帮助。自己在遭受痛苦的同时，也使自己的辛苦钱遭殃。所以，为了你的健康，为了你的钞票，请你在吃饭时一定要细嚼慢咽，让唾液、消化酶和食物充分搅拌，以利于消化和营养的吸收。

七忌：喜欢零食。有些人喜吃零食，到吃饭时反而吃得很少，其结果是蛋白质、脂肪、碳水化合物摄入不足，蔬菜吃得少引起维生素、无机盐缺乏，长期饮食搭配不平衡，就会影响体质。同时无节制吃零食，破坏了消化功能的规律性，胃肠得不到应有的休息，必然会引起食欲减退，长此以往，人们的身体健康也会每况愈下，到头来就会疾病缠身，动弹不得，到那时就后悔晚矣！

八忌：饮食过咸。有些人喜欢吃很咸的食物，吃盐过多，容易造成体内钠潴留，体液增多，血循环量增加，加重心肾负担，从而引起高血压，老年人更不宜吃咸食。

第八章
美丽容颜，
来自精心的养护

　　每一个女人都希望自己的青春可以常驻，一直能保持好自己美丽的容颜，她们为了保持年轻不断地去美容或是去做面膜，当发现自己有一些不好变化的时候，会变得焦虑不安，认为自己不会再美丽，由此可见女人是多么地在乎外表。

1. 完美上妆，让女人战胜年龄死敌

著名美容专家靳羽西有一句名言："世界上没有难看的女人，只有不懂得如何把自己打扮得体的女人。"

任何一位女性，只要坐到梳妆台前，就可以成为一位"艺术家"——完善自己面部形象的艺术家。正如古希腊哲学家亚里士多德所说："艺术就是用来弥补自然之不足。"然而，这种艺术又与真正的艺术家们进行创作不尽相同。因为人的脸庞生来就已经有了一个雏形，"艺术家"们只能在这个雏形的基础上进行加工，精雕细琢，最后描上几笔，起到画龙点睛的作用。如果我们真正仔细端详一位我们认为非常漂亮的女性，就会发现她并不是完美无缺的，只不过是通过化妆突出了自己的优点，掩饰了某些不足而已。

可见，通常好的妆容所表达的美，是可以超越本体的。相反，不好的化妆会损坏女性的美感——视觉、品位和素养的美感。我们可以这么说，爱化妆的女人是积极的女人，会化妆的女人是得体的女人。

化妆的女人中，有漂亮的，也有不漂亮的。因为，不漂亮的女人，想通过化妆变得漂亮；而漂亮的女人生怕美丽稍纵即逝，更希望通过化妆使美丽永驻。所以，化妆的结果是否漂亮，不是最重要的，重要的是化妆女性的心态。

一个女子早上起床，出门前要仔细审视自己镜中的形象，一丝不苟地用妆掩饰她认为不漂亮的地方，努力地把自己装扮得光

彩夺目，这样的女子时刻想到有人在关注自己，特别是男性的
目光。所以，她不管是坐着还是站着，都会刻意昂首挺胸。也
许她的脸并没有因为化妆而漂亮，但她的形体身段却多半因为
这种振作而好一些。因此，化妆的最大好处是可以防止女性懒
散邋遢。

相反，一个从不化妆的女性，出门或与朋友见面前都只是匆
匆洗把脸了事，无论她的工作多么出色，才华如何横溢，但作为
女人，她多半很少得到男性热情的目光。即使有异性投来赞赏的
目光，那也多半因为她的才能、她的业绩，尽管她不难看，但她
的那种随意、放松，使整个形体处于懒懒散散的状态，总比那些
化妆的女人少些"精神"。

正所谓"三分长相，七分打扮"。相貌虽是天生的，但美丽
却可以后天打扮出来。化妆就像一种优美的艺术，掌握了它就能
让人变美，倘若不懂，就会丑化人。有些女孩喜欢把脸上的粉扑
得厚厚的，嘴唇涂得艳艳的，看上去像日本艺伎一样。这种形象
或许让人感觉很"酷"，但却不美，很容易让人"退避三舍"。

（1）化妆是为了修饰得更美

化妆，就是为了要修饰得更美，让自己更漂亮。一般只要
突出脸上两个部位就可以了：眼睛和唇、眼睛和脸腮或者脸腮和
唇。不然，就像马戏团的小丑了。

关于化妆的技巧，要因人而异，有的人能够化妆化得很好
看，而有的人则不行。就像有的人能够做出很美味的菜，而有
的人只能让大家吃"不得不"吃的饭。怎么办？练习、练习再
练习！

（2）眼部化妆是为了使眼睛更加传神

女人的眼睛是一道亮丽的风景，令我们的世界刚柔相济、更

加绚丽。那一个个的眼神，每一丝眼光所着落的地方都是意味深远，耐人寻味。"顾盼生辉""望穿秋水"这些生动的词语就是为女性的眼睛而造的，可见女人的眼睛是多么伟大。

眼部化妆是为了使眼睛变得突出明亮，且有活力，使眼睛更加传神。

所以，化出一双闪亮的大眼睛就是我们的目标。

①单眼皮化妆法

眼影画法。不要把眼影色彩只涂在眼皮的边缘，应涂在眉眼之间。眼睛外角处可以用稍深的色调加重，并由眼尾开始来回涂抹数次，使色彩均匀。

用眼影刷将色彩涂在眉下至眼上的区域，用眼影刷将色彩刷自然。

眼线画法。单眼皮的眼睛看来较小，因此画眼线时要画粗且浓，使眼睛显得自然而大。画至眼尾时可使眼线往上翘，会有明亮的感觉。

美化睫毛。先用睫毛夹夹弯睫毛，再用睫毛膏由上睫毛开始刷，切莫刷得沾在一块，若须戴假睫毛，则选用较长的。

②双眼皮化妆法

涂眼影以薄为宜。上眼影时，最初的一笔通常最重要，不妨从眼尾画起，且必须来回多刷几次，才能使色彩均匀而自然。

画出双眼皮的要点。一次蘸取少量的眼影粉且须来回轻涂，在下眼睑部分应注意别涂得太厚，以免有黑眼圈的感觉。

眼影刷的使用。上完眼影之后，应使用眼影刷大范围地扫开色泽，由眉下至眼线之间，淡扫去多余的影粉，使眼影的色彩更显透明自然。

眼线画法。沿着睫毛生长方向细细地画，应使用水溶性的眼线液，下眼睑由眼尾向前描至距离眼头三分之一处停止。

棉花棒的修饰。画眼线时容易产生叉线的问题，在干掉之前可使用棉花棒轻涂掉，但不可太过用力，免得将画好的眼线完全擦掉。

刷睫毛。先刷上睫毛，再刷下睫毛，从睫毛生长处开始仔细刷上色彩，再利用睫毛刷前端左右来回刷即可。

（3）化妆让鼻子高挑挺拔起来

很多人都希望自己的鼻子挺拔，鼻子一挺拔，眼睛也会显得有神。根据不同鼻型的化妆方法也可分为以下几种：

①低陷的鼻子

先在整个面部涂上粉底霜，从鼻根到眉头抹深棕色眼影，由眉毛向鼻子两侧打一些阴影，然后在两眉之间的鼻梁上抹一道亮色眼影，然后尽量向两侧晕开，使阴影和亮色形成鲜明的对比，再照一下镜子，发现了吗？低陷的鼻梁凸起来了。

②较长的鼻子

有时候脸型比较长的人，鼻子也会比较长些。要缩短鼻子，就要降低眉头的高度，这样就可以使鼻根相应偏低了。所以，我们化妆的要点就在眉毛上，在画眉毛的时候，眉头要加画几笔，或在眉头下涂上与眼影颜色相近的眼影。鼻影的颜色比眼影稍微淡一些，注意不要延伸到鼻翼。

③短鼻子

短鼻子往往会显得脸有些臃肿，脸臃肿了整个人看起来感觉比较肥胖。在鼻侧影涂上比较深些的颜色，鼻梁上涂一条窄窄的亮色，这样就可以使鼻子看起来比较长些；另外，和长鼻子正好相反，在画眉的时候，把眉头稍稍向上抬，将鼻侧影从眉尖涂至鼻翼部位，也可以产生同样的效果。

④鼻翼较大

有人说大鼻翼的人是有福气的，可是有福气并不是美的象征，修正方法是在两鼻翼部位涂上深色粉底。用粉底来修正鼻子，让鼻子显得挺直而有立体感，但鼻影的深浅不要太分明，以免使人看出有明显的分界线。

⑤鼻子窄小

窄小鼻配上小脸小眼睛会显得比较可爱，但是如果在一张宽大的脸上就会显得不太协调了，一张不很协调的脸看起来不会很舒服。可以用接近肤色的肉色眼影加少量的白色和黄色眼影涂在鼻翼上，鼻梁不要涂得太宽太亮，否则会使鼻翼没有显大反而显得更小了。

（4）让你的唇看起来更性感

"唇不点自绛，眉不染自清"，那一颦一笑的流转，美轮美奂，是多少年来女人们梦寐以求的。美学家认为唇是女人脸上最性感的部位，它的状况和纹理决定了嘴唇的形状和魅力。所以，滋润性感的红唇，叩响并开启了无数女人的心灵之门，也牵动着男人无限的遐思。

嘴唇是非常复杂的立体部位，用一种颜色去表现那看起来简单可是又很复杂的地方，其实是很勉强的。而且关键是在面对姹紫嫣红、色彩纷呈的口红时，哪一种才是适合自己并且能够彰显出自身丽质的颜色呢？

这还要综合考虑一下自身条件与外在因素，不同气质的人适合不同的唇色。

①清纯可爱型

选择以粉彩为主的淡雅色系，如珍珠粉红、粉橘、粉紫等颜色，能够很好地流露少女的纯情与活泼，不适合用浓艳和强烈的色彩，不然走在路上很容易让人家误会你是一个误入歧途的无知少女。所以少女还是要选择比较适合自己的表现纯真活泼、尽量淡些的颜色。

②高雅秀丽型

选择玫瑰红、紫红或棕褐色的唇彩，成熟柔美中又能给人一种知性、优雅的高贵感觉。

③艳丽妖媚型

选择大红、深莓、熏紫的唇色，冷艳剔透，散发热情性感的魅力。往往涂这些比较艳的颜色的女性都是比较妖艳的，很容易让男人想入非非，或是被人以为是"公关小姐"。但对于演员来说，那是舞台上的需要，属于例外。

所以我们在选口红的时候要根据自己的气质、身份来选，不然惹来一些不必要的麻烦，那就不能说是口红的错了。

2. 保鲜年龄始于颈

女人的颈，就是女人身体的"后花园"，它比肩、膊更有韵味，永远比其他裸露的地方散发的女人味更为直接。

颈部之美对于女性来说是重要的。美颈是有标准的，既要线条优美、圆润挺拔，又要皮肤白皙光滑，触之如丝绒。如果你细心观察，那些脖子漂亮的女性总能吸引更多异性的目光。

因此，为了给颈项这块独特的风景区增添魅力，为了不让颈上的脂肪和皱纹把岁月的痕迹残忍地泄露出去，女性朋友应该重视和精心地呵护它。

（1）颈部清洁

①脸部清洁后，用化妆棉蘸取化妆水由下往上轻拭，然后取适量颈霜产品。

②将保养品均匀地涂于颈部，包含下巴及胸口处。

③头仰高拉长脖子，利用指腹由下往上，以轻柔的方式将保养品均匀涂抹。

④下巴部位以同样方式向左右两侧推匀保养品，到耳际处再顺势下抹到胸口。

⑤再以打圈方式顺着肌肤纹理，由下到上轻柔按摩。

⑥下巴处涂抹方向同样是由下到上，由下巴打圈按摩至耳际，顺着淋巴腺按压至胸口处。

⑦顺着静脉淋巴，以按压方式向上推滑，在排毒的同时还可促进血液循环。

（2）专业护理

到美容院去做专业护理。现在很多美容院都开展专业颈部护理项目，有芳香美颈护理、颈部美白护理、颈部嫩滑紧致护理等，侧重点各不同。美容师一般会根据你的颈部状况和需求制定适合的护理方案和疗程，为你推荐美颈产品。这种专业美颈护理一般分为清洁、按摩和敷膜三大基本步骤：首先，彻底清洁，去除颈部老化脱落的角质；接着，进行颈部按摩，以收紧肌肤，淡化颈纹，美化颈部线条；最后，敷抹具有高度滋润和保湿作用的颈膜，为肌肤及时补充水分和营养。这种颈部专业护理一般适合每周做一次。

（3）重点按摩

如果你的颈部已经有了皱纹，可以以颈部为重点按摩来缓解，以令颈部肌肤紧致，淡化或消减颈纹。首先，你可以按摩人迎穴，它在喉结的两侧各有1个，位于喉结两边约1寸半的位置处，隐约可以感觉得到脉搏的地方。手法：可用拇指与食指分别按压左右两个人迎穴位，轻微按压，用力过重会造成呼吸困难。这样，能够促进血液循环，消除脸部与颈部细纹，使肌肤柔嫩光滑。其次，你还可以按摩位于耳朵下方、下腭后侧的天容穴，把脖子伸长时，位于耳朵下方颈部的肌肉部位上，左右两侧各有1个。你可以采用指腹或指节处，向下施力按压，并打圈加以按摩，左右两侧相同。按摩此穴位可以有效治疗咽炎，同时能促进血液循环，美化颈部肌肤，美化颈部曲线。最后，如果你觉得效果不理想，你还可以按摩风池穴。风池穴位于头部后方，从耳后越过凸出点，靠近发迹部位的凹陷处下方，左右两侧各有1个，按时头部两侧会稍感疼痛。指法：以食指和中指的指腹加按或是将双手的拇指按压穴点，其他手指头包覆于头部，帮助施压，按压4~5次。此法对改善颈部线条很有帮助。

（4）拍打美容法

把毛巾叠成四层，用冷水浸湿，稍稍拧干，敷在右侧下巴和脸颊下方，稍用力拍打下巴和脸颊下方，拍打20~30下。再将毛巾湿敷在左下巴和脸颊下方，按同样的方法拍打。每2~3天做1次。经常拍打，可延缓颈部的老化，消除皱纹。

（5）颈部化妆

除了日常保养之外，女性还要对颈部进行化妆。尤其是女性进入中年以后，颈部较易老化、臃肿及出现皱纹，这时颈部的化妆就更有实际意义了。

①保护脖颈的皮肤。沐浴后或用热水洗完颈部以后，应在皮肤尚有余湿时与面部一同做按摩。具体方法是：先在颈部涂一层冷霜，然后用食指、中指和无名指一起在颈部轻柔地做螺旋式揉

按，每次10分钟左右。

②给颈部化妆时要注意沿着纵向并涂抹均匀，千万不要造成斑纹。

③面部化妆与颈部未化妆的连接处应不着痕迹，以防止出现明显的界限，影响美观。

3. 女人一定要预防皱纹

皱纹是女人衰老的标志性特征之一，虽然每条皱纹都曾经见证过每个女性独特的美丽，但是出于美观的考虑，还是有必要预防的。要预防，必然要先了解皱纹的成因。首先就是洗脸时水温的影响。如果在日常的护肤过程中的水温没有特别注意，水温太高，皮肤的皮脂和水分会被热气所吸收，而使皮肤干燥，时间一久脸部就逐渐会产生皱纹。同样，如果脸部肌肤长期缺水，也会容易形成皱纹。尤其是眼周肌肤，一旦缺水，皱纹、眼袋等问题都会马上出现。

面部皱纹出现的顺序一般来说：20岁左右额头逐渐出现浅小的皱纹。30岁左右额头的皱纹开始加深并增多，眼角出现鱼尾纹。40岁左右上述皱纹明显，上下睑皮出现不同程度的皱纹。50岁则面颊部分出现鼻唇沟加深或面颊凹陷。60～70岁则上述皱纹增多、加深，面部皮肤与颈部皮肤也松垂。70～80岁出现嘴部周围皱纹，扩散，口角皱纹，直至满面的皱纹扩散。

很多女性因为工作的原因经常睡眠不足，这就使皮肤的调节功能受损，导致容颜憔悴，就会很容易导致衰老起皱，还有一些女性经常出入酒吧，长期过度地吸烟、喝酒，这些习惯加速了皮肤的变化，从而导致了过早地产生皱纹。

为了预防皱纹，先是要整体上做好补水保湿。皮肤通常是直接暴露在环境中，并且时刻都在受到外界的影响，对于皮肤来说，要维持正常的生理功能，那么就必须要一个稳定的内环境，保持一定的湿润度是一个最为基本的条件。而补水保湿类化妆品则是通过模拟皮肤的天然保湿系统，从而保持皮肤的水分含量，也是日常必备的护肤产品。建议在基础护肤的前提下，经常饮水，定期敷补水面膜。特别是在冬季，更要强化补水保湿工作。

还有就是保持空气的湿润。适宜的湿度能够确保肌肤良好的状态，在湿度较低的情况下，表皮层水分散失过多，皮肤干燥无光泽，并且会加重皮肤的老化。现在大家都生活在有空调的地方，因此更要注意补水，可以适当地使用加湿器等设备。在选择去除眼周细纹的眼霜时，应该选择有抗氧化成分的产品。虽说现代医美技术上有很多去除皱纹的技术，但是考虑到后续会出现的症状和问题，这类方法不是很可靠。注射玻尿酸等物质可能会造成肌肉僵化，激光去皱也并不适用于所有人。如果皮肤屏障脆弱的人使用激光美容手段，很有可能形成色沉等问题。

最靠谱的方法还是从内而外调养，选择含有胶原蛋白成分的食物，从根本上减少皱纹产生的概率。尽量多吃优质蛋白和胶原蛋白含量高的食物，平时应该要做好皮肤的保养工作，注意皮肤内的深层清洁工作。但食用优质蛋白并不是鼓励食用或使用"胶原蛋白粉""胶原蛋白面膜"一类产品。

和其他蛋白质一样，胶原蛋白经口摄入后会被人体的消化系统分解、代谢成氨基酸、二肽或三肽，并以这三种形式被肠道吸收进入血液。也就是说，人体实际上吸收的是氨基酸，不管你吃进去的是10块钱一斤的鸡蛋或是瘦肉还是牛奶，还是几百上千元25毫升的胶原蛋白溶液，进去以后都是统统变成氨基酸。如果你食用的某种胶原蛋白口服产品确实立竿见影地改善了皮肤，那只可能是因为里面添加了雌激素。

有些商家喜欢宣传小分子、低聚肽，这些所谓小分子胶原蛋白，只不过是替代了你的肠胃，帮你把胶原蛋白预先消化了，分解成二肽、三肽或氨基酸等产物，但实际上和直接吃原始的胶原蛋白并没有什么区别。而护肤品中的胶原蛋白，主要作用只有一个：保湿。它没法修复什么，更不会像神奇药膏一样自动帮你长出新的皮肤肌底。

当然，胶原蛋白也可以通过注射的方式补充。可惜由于胶原蛋白酶的作用，打针并非永久效果，一般只能在身体停留6～12个月。从资料上看，注射胶原蛋白对人体没有危害，但不太建议，如果一定要注射要去正规医院，和医生协商好。

其实奶、蛋、鱼、肉都属于完全蛋白质，即含有全部必须氨基酸的蛋白质。多数植物及"骨胶原"中的蛋白质为不完全蛋白，也就是不含有全部的必须氨基酸的蛋白质。所以说，吃鱼皮胶原蛋白、牛皮胶原蛋白、猪皮胶原蛋白，区别仅仅在于，组成它们的氨基酸种类、组成它们的氨基酸的量、组成它们的氨基酸的比例不一样。这是个在营养学的角度，去看你身体里缺哪种氨基酸，然后去选择补哪种氨基酸的问题。健康的、膳食均衡的人，其实吃鸡胸和吃鱼皮胶原蛋白没区别。

按照人体对胶原蛋白的消化吸收过程而言，吃进去的胶原蛋白指不定在身体里起到什么作用。你既无法追踪某一个氨基酸分子，去知晓它到底成为了谁的一部分，也无法控制它们都为谁所利用。严谨地说，人类至今还没有发现哪一种胶原蛋白之中的哪一部分是靶向进入某一种细胞的。它们可能成为了肺的一部分，可能成为了心脏的一部分，可能成为了头发的一部分，可能转化成了脂肪，成为了皮肤的一部分，成为了肌肉的一部分，不太可能按照你的指令规规矩矩去治理皱纹。

4. 手是女人的第二张脸

热恋中的恋人情到真心处彼此两手相牵，手成了传递情感、表述真心的渠道；朋友相见彼此握手在先，手成了表达各自友好真诚的途径；黑暗中，双手又成了我们探索未知触摸世界的媒介；在社会的各个场合角落里手成了暗示表达的工具，丰富的肢体语言让我们的双手更显灵活小巧；而在日常的生活中我们的双手又具备握、提、举等各种功能，成了身体上最辛劳、最特立独行的部分。双手的重要性和独特魅力于是要求我们保持双手柔滑纤巧，以给每一次牵手最温馨自然的回忆，给每一个握手留下深刻的印象，让对方盈握如春水的温柔，在生活劳作之余给人白皙如温玉、纤细如新笋的美感。

但是，我们的双手承担生活中一半以上的劳作，手部肌肤的辛劳程度是身体其他部位难以比拟的，加上双手必须长期暴露在环境中，以及由于劳作不得不进入各种恶劣的环境，其日常保养跟不上的话就会老态龙钟地泄露女人的年龄秘密。难怪有人称，手是女人的第二张脸。那么，为了使双手长得柔软、漂亮而富有弹性，就必须对双手进行精心的保养，方法如下：

（1）勤洗手，经常进行手部清洁。无论是吃饭前、睡觉前还是进行肌肤保养前，我们都应该认真地进行双手的清洁。准备干净的擦手毛巾，准备弱酸性的洗手液和护手霜。

（2）在流动的水中冲洗双手，特别是指甲和指尖可以先冲洗一次，这两个地方细菌灰尘最多，先冲洗一次可以使大部分的细菌灰尘被水带走。

（3）毛巾在水中搓洗稍稍拧干，大致地将双手的水滴擦干净，留下肌肤表面湿润的双手等待上护手霜补充锁住水分。

（4）双手抹上护手霜，或是进行手部面膜。稍等一刻钟左右再将护手霜或面膜清洗干净。如果天热有必要给手上一层防晒霜，天冷有必要上一层防冻霜。

（5）将手浸在橄榄油和杏仁油中半个小时。用湿毛巾稍微擦干净后，用另一只手的大拇指和食指配合从指尖往手腕方向拿捏揉搓，接着再按摩手心手背。按摩结束后，可以顺便给手做一个面膜，用热毛巾裹上一刻钟后再洗干净。这样不但能补充手的水分美白双手，还能增加双手手指的柔韧度以及活络手掌经脉，加强双手的代谢，促进多余角质脱落。

（6）日常生活中，有些职业必须长期接触清洁剂或是经常清洗双手的人，如美容师、餐饮业者、家庭主妇等，应尽量用中性的清洁剂洗手，但遇到有腐蚀、冰冷、烫的环境时，应记得先戴上柔软的四指手套再套上橡胶厚手套。家庭主妇在双手下水前后在厨房里用优质食用醋加几滴甘油进行搓洗，可以使手肌肤白皙清爽。

（7）为了双手关节灵活，每天可用3~5分钟时间做手保健操。

第一节，两手前伸，手掌相贴，腕关节靠拢，十指直伸，重复10~15次。

第二节，两手前伸，用力握拳，然后迅速伸直手指，重复12～15次。

第三节，两手向两侧伸直，分别以腕关节、肘关节和肩关节为轴心按顺时针方向、逆时针方向各转动掌骨和指骨12～15次。

第四节，后掌相贴，手指不断张开，合拢。重复5～10次。

第五节，十指交叉，一大拇指绕另一大拇指转动15～20次。

第六节，模仿弹钢琴动作。

第七节，手指分开，向不同方向活动，用左手按摩右手手背和手指，再用右手按摩左手手背和手指。然后，手指朝上，自由抖动指骨和掌骨，然后再放松。

（8）手部经络按摩。按摩穴位。不要小看双手，通过手的经脉有6条之多，手三阴包含心经、心包经及肺经，手三阳包含大肠经、三焦经和小肠经。而且拥有很多穴点，包括曲池、少海、手三里、间使、外关、合谷、侠白、尺泽、曲泽、孔最、内关、通里、神门、劳宫。经常按摩这些穴位有助于促进手部的血液循环，增加含氧量。

单人按摩。自己一个人做手部按摩是一件非常简便的事情，只要把相关动作记清楚了，就可以随时随地进行。

①先将左手自然放松伸直，然后利用右手拇指按左手臂内侧天泉、侠白、曲泽、孔最、间使、通里等穴位。再按手臂外侧胰会、少海、曲池、手三里、外关、合谷等穴位。在按摩的时候，每个穴位停留5秒钟后再离开。重复3次后用右手臂重复相同的动作。

②用右手手指及掌根捏拿左手臂的手三阳、手三阴经脉。重复6次后换左手用同样方式捏拿右手臂。

③将右手握成拳头，以拳拍法拍打左上下手臂的手三阳和手

三阴经脉，重复3次后换左手用同样方式拍打右手臂。

④用右手指依序轻轻画圈指压左手的每根手指一直到指尖，按摩的时候在指尖处稍微加重按摩力道并停留5秒钟。重复2次后换左手按压右手。

⑤将两只手往前伸直，手臂肌肉伸展放松，手指往上。然后让双手手臂往内画圈，重复6次。

双人按摩。我们利用手来给予、接受，也用手来抚摸感触一切，现在，就用手来向我们的好朋友传递一下我们的爱心吧！双手按摩，可以让她的手变得轻巧、柔软、健康。

①将自己的右手拇指以指按法，由对方左上手臂外侧画圈指按至手腕关节处。再由对方左上手臂内侧画圈指按至手腕关节处。然后用相同的方法按摩对方的右手臂。

②将自己的双手紧扣对方的左手腕，轻轻地上下抖动对方的整条手臂。重复6次后，用同样的方法按摩对方右手臂。

③将对方的左手弯屈举高过头顶，左手手指放置于肩胛骨处，然后将自己的一只手固定对方的手腕，一只手将对方的手肘往后使力。重复6次后，用同样的方法按摩对方右手。

在和同伴互相做按摩第二个动作的时候，一定要双方都保持放松状态，特别是在需要抖动的环节，这样才能增加效果。在做第三个动作的时候要配合好呼吸，当手肘往后使力时，被按摩者为吐气状态，力道放松时为吸气状态，这样则能使肌肉得到彻底放松，达到最好的效果。

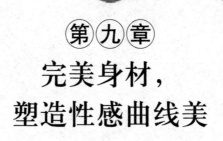

第九章
完美身材，
塑造性感曲线美

　　一个女人漂亮的五官只能给人短暂的视觉享受，但一个姣好完美的身材可以带来一辈子的享受。有曲线的女人是一幅画，在哪都是风景线；没曲线的女人是一坨肉，别说出门臭美，自己照镜子都哪哪不顺眼。

1. 塑造迷人的身体曲线

你是不是总是希望自己能够变得更漂亮一点？是不是总希望自己的体重能够比现实中的体重再轻一点？对于容貌与身材，你永远不满足，因为你是女人。

天使的脸蛋并不是人人都可以拥有，我们的容貌是与生俱来的，是父母在我们身上留下的最明显的印记。但是美丽的身材不同，这是上帝给每一个女人的礼物。每一个女人都可以拥有美丽的身材，只要她肯为此付出努力。

女人总希望自己变得苗条。她们在别人欣赏的眼光里得到满足、快乐和自信。如何塑造自身的美好形象，已成为广大女性共同关注的问题。可是现今许多人认为"瘦就是美"，在这种观念的推动下许多人加入了减肥的行列，也使一些减肥药、减肥机构或手术等盛极一时，并把减肥当成能拥有平坦的小腹、修长的玉腿、纤细的腰身、丰满的胸部、颀长的手臂等美丽梦想的捷径。结果往往是体重下来了，可是曲线却并不如愿。究竟怎样的瘦才是美？应该怎样塑造曲线的魅力呢？

美国专家认为，美好身材应符合黄金分割规律，即上身与下身之比为0.618：1（黄金分割点数），而且骨骼发育正常，肌肉发达匀称，皮下脂肪适当，五官端正，与头部比例配合协调，双肩对称圆润，胸廓隆起，正背面略呈"V"形。

健美专家对美女体形的要求与美学专家大同小异，认为现代美的标准要体现曲线美，主要内容包括：

骨骼匀称，体形是以骨骼为基础的。头、躯干、四肢的比

例以及头、颈、胸的联结适度，上下身（以肚脐为界）比例符合
"黄金分割"定律。

肌肉强健协调，富有弹性。

双肩对称、浑圆健壮、微显下削，无缩膊和垂肩之感。

脊柱正视呈直线，侧视具有正常的体形曲线，肩胛骨无翼状
隆起和上翻的感觉。

胸廓宽厚，胸部圆隆，丰满而不下垂。腰细而有力，微呈
圆柱形，腹部呈扁平，腰围比胸围小约三分之一。臀部鼓实微上
翘，不显下坠。

下肢修长，两腿无盘曲之感。双臂骨肉均衡，玉手柔软，十
指纤长。

整体无粗笨、虚胖或过分纤细的感觉，重心平衡，比例
协调。

知道了塑造体形的原则之后，我们在日常生活中可以通过以
下方法来达到自己瘦身塑体的效果。

①耳部控制食欲的穴位，被称作饥点。每日按压5下左右，
可有效减少食欲。5秒钟按压5下，在饭前30分钟进行效果最佳，
减重的效果因人而异。

②晚上看电视的时候顺便按摩脚底，不仅可以保健还可以有
效地降低食欲。

③乘公交车时，可以脚尖提起站立，这样可锻炼腿部肌肉，
让脚腕纤细健美。

④跳1小时的舞，使身体各部位都得到活动。每天跳舞后，
感觉全身都变瘦了，对塑体十分有效。想要更加苗条，只需认真
地舞动一番即可！在俱乐部跳1小时的舞，可以消耗836千焦的热
量，这也是一天消耗的最高量。坚持20分钟以上即可见效。在娱
乐中达到运动的功效，一天一次，对身体十分有益。

⑤吃饭时每口至少咀嚼20下，可有效减去脸部脂肪。因此，有吞咽吃饭习惯的人想拥有小脸就要尽快改善。

⑥想远离肥胖的困扰，游泳是不错的选择，自由泳是时间短且热量消耗大的一种。平均12分钟的自由泳，可以消耗836千焦的热量。

⑦每日1万步的行走能保持体形不反弹，行走时以感觉稍稍有些出汗的速度，每天可消耗热量836千焦，1个月就可以减重1千克。换算成时间，相当于每天行走2个小时，可以用略快于平常的速度行走4千米的距离。在台阶等有坡度的地方行走更为有效。

⑧拉伸运动减肥的效果不错，一般以一次坚持7秒效果最好。当然了，我们还可以选择适合自己的运动量。值得注意的是，拉伸运动如果在中途放弃会造成反效果，所以大家开始之后一定要坚持到底。

⑨有氧运动是一种效果出众的减肥方法，因为有氧运动能充分燃烧体内脂肪，并不断输送氧气到身体各部分。像慢跑、游泳、散步等都属于有氧运动，我们可根据不同条件选择。慢跑20分钟以上就能出效果！

⑩在37℃的热水中进行20分钟的半身浴能激活体内细胞，加快新陈代谢。悠然自得地沐浴于水中，可有效促进汗液排出，令你从内至外都娇艳照人。浴盆中20分钟的浸泡很有减肥功效。如果你不喜欢运动，那么就用简单易行的半身浴来完成减肥任务吧！

2. 控制体重是一种生活态度

年轻人胖瘦都不会影响她们的青春活力，胖有胖的风采，瘦有瘦的魅力。年轻时，你有青春活力作为资本，胖一点只是体型差一点，并不过于妨碍感官。中年女性可就不同了，人胖了，体型差了，肌肉轮廓线条模糊了，会给人衰老很多的感觉。通常，体型的改变在视觉上会产生5~10岁以上的衰老感，这种衰老感是由多方面因素造成的：一是行动迟缓，身体反应迟钝，强化了衰老感；二是脸形、身形、轮廓变得不再圆润，不能再穿干练、富有活力的直线条服饰，圆线条的服饰又会增加臃肿感；三是穿什么都不好看，不少挂在商店里的流行款式和色彩不再属于你，你会因为胖渐渐变得消沉和自卑，这些变化在意识的潜移默化中会增加你的衰老感；四是你的动作、状态、心态在中年时都会因为体重增加而强化老态。

特别是中年女性保持体型是非常重要的，控制重量的难度远远高于减重的难度，减重和控重的区别在于：减重是阶段性的；控重是长期的，年复一年的。

不少女性能够减重，却很难坚持控重，一旦心血来潮，又是吃减肥药，又是做减肥疗程，几乎绝食，虽然在短期内也许大有成效，但难以坚持下去，不仅不能保持好的体型，还可能损害身体健康。

保持体重不是一朝一夕的事，首先你要给自己制订一个饮食计划，根据自己的形体条件，非常严格地执行这个计划，你的计划不能过于复杂，复杂了是很难坚持的，以下是你必须注意的：

要长期控制食量。年轻的时候你的食量还可以掌握在七八分饱，中年以后七八分饱就是大大偏多了，你不能有饱的感觉，你的食物中只要含有了适量的五大营养素，就不能再多了，不足的方面可通过补充维生素、微量元素等高品质的健康食品来弥补。坚持控制食量是件极难的事情，不少人可以坚持减食或节食一餐两餐或者一段时间，之后大吃一顿，这是控制体型的大忌。胃是有伸缩功能的，当你的食量长期保持在一个范围内，胃的伸缩也在相应的平衡状态下，你会减少或不再有过多的饥饿感，控制体重也就步入了良性循环。

不过，控重仍然是要以健康为前提的，一定要注意营养的搭配和均衡，因为只有健康的女性才会是充满活力的，这份活力将为你带来好脸色、好气色、好身材和好命运。以下的几种减肥要领不妨试试：

①在节食时，必须同时进行体育锻炼，不能单打一。否则脂肪就不容易持续减下去，肌肉更不能发达起来。那种躺在床上不动、忍饥受饿的节食减肥法不可取，一旦恢复饮食量，还会胖起来。

②进食的总热量要减少，注意不是指食物的总重量，因为可以吃大量的蔬菜和水果，但没有多少热量，各种营养成分要搭配好，不吃动物脂肪，以植物油代替，少吃些碳水化合物，吃足够的蛋白质、维生素、矿物质和水。

③食量的减少要逐步进行。同样，运动量的增加也要逐步来，不能减肥太快。一般每周减0.5~1千克即可。不要采取那种一开始就很少吃东西，不得不躺在床上的办法，或者把运动量搞得很大，弄得身体难以支撑。重要的是自始至终保持着能量进出相对略有亏损，以逐步接近或达到理想体重。

④吃的东西虽然热量少，但品种要多、要杂，不可过于单调，或者淡而无味。一般讲，轻度肥胖只要不吃高脂肪、高糖，而且能把摄入的热量控制在每日2000千焦左右即可。中、重度肥胖要严格控制热量，女性一般控制在1200~1500千焦，严重肥胖者可控制在每日1000千焦左右。

节食减肥过程中，要每周称一次体重，并记录下来，密切观察分析脂肪和肌肉的消长情况。

女性中采取节食减肥、防肥的不少，但掌握科学的减肥方法却不多，因而我们在减肥过程中必须掌握以上原则，否则将会得不偿失，造成其他不良后果，影响身体健康。

3.胸部保养，增添女人味

自古以来乳房就是文学、艺术、美术、戏剧以及电影对女性形态美的描述中不可缺少的部分，远在古埃及，妇女就以裸露丰满的乳房来炫耀自己的美丽，古希腊时代，妇女们用毛织的窄带束紧前胸乳房下部使乳房更加突出，如闻名于世的维纳斯女神雕像表现的乳房。十七八世纪欧洲教会中的女传教士，把十字架悬于两乳之间，不少圣母像、神像和佛像都是袒胸露乳，这些无一不表现出乳房的魅力。

乳房作为女子身材的一个重要组成部分，它的健美标准必定要受到全身比例关系的约束，不能任意扩大和缩小，否则，就谈不上美了。

在人体健美的全身比例关系中，讲究的是人体高度与人体各部位宽度的比例关系，这点体现在人体各部位，就是身高与头、颈、胸、腹、四肢之间的长度比例关系上。正常比例为：

人体总长为7个半头高，这是所有高等艺术院校作人体素描所依据的正常比例。大多数现代艺术家加长了身长，把人体长度定为8个头高，这就是理想比例。

女性身体较窄，最宽处为2个头宽，腰为1个头宽。从脚向头部算，乳头位于（6+1/6）个头处，乳房下缘位于（6+1/3）个头处，乳头与肚脐相距1个头长。人体长度和各部位长度比例关系是由骨骼系统先天决定的，在通常情况下是不能改变的。那么，乳房在女性人体的上下位置则显得尤为重要了。

乳房下垂，就会改变躯干上下的比例关系，破坏这种理想比例的人体美。所以，就要通过乳房健美锻炼来达到、保持和恢复这种理想比例的人体美，这是乳房健美的宗旨。

据研究，人们发现乳房位置的高低又受着地理环境即种族的影响：文明程度高的地区的女性比文明程度较低的地区的女性乳房位置高，未开化民族的女性比已开化民族的女性乳房位置低。

人体的胸围与乳房的大小主要为先天遗传和后天的健美锻炼所决定的，但又受着工作性质、生活条件等环境因素的影响。从事体力劳动者比从事脑力劳动者的乳房要发达。也就是说用脑多和理性强的女性，其乳房多数是较小的，农村妇女的乳房比城市女性要发达，所以城市女性更要加强胸部的锻炼。

在健美标准中，还要讲究乳房的弹性、充实饱满状态、颜色光泽、局部皮肤的平整性、乳头状态等方面的因素。综合全部有关这方面的条件才能建立起乳房健美的标准。

当今社会，乳房在人体美中的重要性更是毋庸置疑。它已成为女性美的最重要标志。胸部是女人表现性感、增添魅力的焦点。古希腊的哲学家认为，在万物中唯有人体具有最匀称、最和谐、最庄重和最优美的特色。而丰满且富有弹性的乳房，突出于胸部，是女性最具魅力的一段。发育成熟的年轻女性，乳房坚挺、腰肢柔软、臀部丰圆，显示出"S"形的女性特有体形。谁不想自己的胸脯拥有这种曲线美？令众多女性失望的是美丽有时并不能天生而就。但是失望不等于绝望，其实，女性只要适当地改变自己的生活方式和生活习惯，就既可促进身体健康，又可使胸部变得丰满健美，充满女性魅力。

（1）美胸魔法

想要拥有凹凸有致的身材吗？没有手术的疼痛与风险，你也可以美梦成真。现在告诉你一些更经济、更有效、又安全的方法，即使过了青春期也不用担心没机会！

指压时搭配以下的穴位，进行精油按摩，每次压5秒，一次进行5~6个回合，更有神奇的功效。

膻中穴：胸部并行线上的中心点，正对到胸骨上的位置。

乳根穴：双乳中心点向下，乳房根部的正下方处，一边一个。

以上施行时，同时交错用冷水淋浴按摩，对于乳房的尖挺更有奇效，最好以按摩5分钟，施行冷水泼洒按摩一次。

（2）丰胸的简单"操"练

怀孕、疲惫、瘦身、曝晒在太阳下，甚至洗太热的澡都会导致胸部失去原来的结实。所以，进行各种运动或体操来保持乳房的健美是非常重要的。

①第一节 扩胸运动

伸直背部肌肉并且抬头挺胸，双手合十至于胸前，这时彻底撑开肘部，双肩不要摆动，要平心静气；始终保持让胸部用力的状态，同时在手心上用力，相互推压，缓慢地向左右移动。当手到达中心位置时，进行吸气，左右交互动作10~20次。同时动作重点是胸部用力而不是臂膀。全身挺直，只有两只小臂相抵成直线左右动作，舒缓地吸气吐气。

②第二节 集中胸部运动

伸直背脊，抬头挺胸，你也可以在胸前用双手夹住书本等物，切记：撑开肘部是关键。此时要轮番吸气后吐气，同时将手臂向前伸直，如同要使劲按压双手手心一样。胸部用力，缓慢进行10次左右。

③第三节 集中并抬高运动

双手平举在肩膀两侧，双手手心向下；双臂向胸前位置交叉合掌；手臂伸直，向上抬高到头顶上方，双臂贴耳侧；再缓慢向下放回到胸前位置。缓慢进行10次左右。

④第四节 抬高胸部运动

双手向内屈肘，下手臂重叠在胸前呈"口"字形；由上手臂带动，缓慢向上提高到额头前面，然后再下放回到原本的预备位置。上下来回相互进行10~20次。

（3）丰胸健身计划

利用组合器械练习，对于女性初练者，组合器械是最行之有效且安全的锻炼方式，做胸部练习时一定要注意挺胸抬头。

①上胸紧致（上斜推胸组合器械）

在进行上斜推胸练习时，双手尽量窄握，重量不宜太大。为了美观，上胸的肌群不宜过大，以提高肌肉的品质，从而提升上胸肌群的牵引力为主。

②丰满胸部（平行推胸组合器械）

在进行此项练习时，肘、腕与肩处于同一水平面位置，重量中等。前推时充分体验肌肉收缩的感觉，然后慢慢地放回原处，动作不宜过快。锻炼时尽量保持均匀呼吸。每次3~4组，每组15~18次。

③增加胸围（下斜推胸组合器械）

此项练习强度要稍大，下胸的肌肉可直接影响胸部的围度，可使胸部显得更加挺拔。下推时充分体验肌肉收缩的感觉，然后慢慢地放回原处，动作还原时不宜过快，锻炼时尽量保持均匀呼吸。每次3~4组，每组10~12次。

（4）乳沟雕塑（双臂交叉拉力训练）

站在两个拉手中间，臀部处稍屈，右脚在前，左脚在后，双臂充分伸展。双手向下画弧线相互靠拢，肘部微屈，双手在下面交叉，改变前后关系，充分体验肌肉收缩的感觉，然后慢慢地放回去，使胸肌得到最大的拉力。

除此之外，日常的一些运动也可以达到丰胸效果。

（1）游泳

游泳除了对肺部和保持健美身材有益外，对乳房的健美亦有帮助。尤其是蝶泳和自由泳，这两种泳姿最易使胸部肌肉强韧，并使乳房丰满。

（2）俯卧撑

俯卧床上，身体正直，双手支撑身体时收腹挺胸、双臂与床呈90°角；卧低时胳膊弯屈；身体不能着床。如此卧撑，起初10来个回合，以后渐次增加，可起到锻炼胸部肌群、丰满乳房的作用。

（3）哑铃法

仰卧于床上，用两手持哑铃于两乳上方。这时两臂要自然分开，腰背肌肉要收紧，胸部向上挺起，同时吸气并收缩胸肌，伸臂并举起哑铃至两臂完全伸直。稍停后，轻轻呼气落下，哑铃收回原位。连续做数次。注意，做时胸部要始终挺起。

仰卧于床上，两手掌相对持哑铃向上伸直，然后深吸气，屏气将两臂缓缓向两侧下方伸展至约120°角，使胸肌充分伸开，最后收缩胸肌恢复预备状态。就这样反复连续做数次。

以丰满的胸部来表现迷人的性感，是女性特有的优势和独具的魅力。脂肪的多少决定着乳房是否丰满和富有弹性。因此，女性经常对胸部进行适当的锻炼和保养，可使乳房坚实，防止下垂，减少脂肪的堆积，增加胸部美感。

4.打造优美的腰部曲线

女性柔美健康的腰肢，是构成曲线美的重要环节，它能使体态婀娜轻盈，又是形体不臃肿的关键。腰围最能显示出女性的苗条体态、婀娜多姿的风韵，它也是三围之中最纤细的地方，一个女孩若是杨柳细腰，不但会受到男性的爱慕，也会令女性羡慕。

古人以小腰、纤腰、楚腰等形容美女腰的柔软、纤弱，婀娜细腰如垂柳。因此，美人腰也称柳腰。

美人腰大致分为纤细和肥嫩两种形态，古有"环肥燕瘦"及"杨妃樱、赵妃柳"的比喻。柳腰迷人，在于腰细能更好地衬托出高耸的胸和丰满的臀，让上高下圆的双曲线更诱人。故有"腰肢风外柳""纤腰宛若步生莲"之叹。

腰部也是最容易积聚脂肪、产生赘肉的部分，身高160厘米以下的女性，应保持60厘米以内的腰围。腰围应为身高的30%~70%。捏起腹部的肉测试一下，腹部的赘肉如果达3厘米，便表示多出10千克的赘肉，体重就应减轻7.5~10千克。

一般来说，减少1千克的体重，腰围便减小1厘米。然而，光是腰细并不能使整个身材变好，还要考虑腰至臀部的曲线以及胸部的平衡。

腰部健美的标准应该是：腰部粗细适中，运动自如，柔软而富于弹性，使人体外观显得美观、苗条。

腰部是女性曲线美的核心，是身体线条美中最富于变化的部位，该部位的形态美主要体现在两侧曲线的圆润以及上起胸部下接臀部曲线的柔和变化上。从侧面看，它与胸、腰、臀、腿一同构成了一组光滑的"S"形曲线，从而使女性身材显得优美动人、凹凸有致。爱美女性深知这一点，她们为了拥有曲线优美的小蛮腰，纷纷通过纤腰护理、健身、节食、穿束腰裤等方式来达到美腰目的。

胸围、腰围、臀围是曲线健美的重要部位，三围不但与身高有适当的比例，而且三围之间也要有适当的比例。体形美要求胸围和臀围大于腰围，也就是说，腰围要求细一些。三围的健美对女性显得尤其重要。

要做到细腰，必须经常参加体育锻炼，注意饮食。有些人平时不注意身体的锻炼，加上营养过于丰富，致使腰部皮下脂肪堆积过多，肌肉松弛，造成外观臃肿，影响形体美。因此，青年人，特别是女性，应在全面锻炼身体的基础上，重视腰部锻炼，增强腰肌张力和柔韧性。如果腰部过粗，只要坚持锻炼，适当减少食物热量，是可以变得苗条的。同时，还要坚持做腰部健美操。

（1）腰部苗条、富有弹性健美操

①转体运动。两腿左右分开站立，先将身体上部向左扭转，同时左臂侧摆，右臂前摆。然后再向反方向做，共做10次。

②腰背肌运动。两腿跪地，先将左臂撑地，右臂由胸前向侧外摆，同时上体向右侧后转，吸气。然后还原至跪撑，呼气。再换右臂撑地，反复10次。

③压腿运动。左腿支撑不要弯屈，右脚抬起放在物体上，以双手握住支撑在地的腿，上体前屈伏在右腿上，再抬起，前屈时尽量接触到腿上。两条腿轮换做5次。

④上体侧屈运动。左脚向左迈一步，上体前屈，双臂上下侧举，身体向左、后、右至前绕大环一周。然后再反方向做，反复5次。

⑤举膝踏跳运动。左脚侧踏一小步，右腿屈膝起跳，同时上体向左扭转，两臂自然向左侧摆。跳时腿要蹬直，另一腿屈膝并平举，用前脚掌轻松落地。两个方向反复做10次。

坚持做这套健美操，将会使你腰部苗条、富有弹性。

（2）腰部肌肉锻炼健美操

①仰卧，两手枕于脑后，两腿屈膝。两腿先后右倒，尽量接触地面，但背部不能离地，换方向再做1次。

②仰卧，两臂伸直。先向右滚动1~1.5米，再向左滚动。可重

复3～4次。

③仰卧，两臂侧平举，两腿屈膝稍抬起。两腿同时向左转，尽量让膝部着地，换方向再做1次。

④将两腿伸直，先向左转让膝部着地，换方向再做1次。

⑤腹部置于方凳上，俯卧，两脚固定，两臂屈肘，两手臂置于脑后。身体向两侧转动，两肘尽量靠后。

⑥预备动作同上，注意躯干和头部要下垂，一边抬上体一边向左转身，眼睛尽量看天花板。还原后换方向再做1次。

⑦预备动作同上，做左右转头运动。

⑧坐于凳上，两脚固定，两手置于脑后。身体后仰，坐起，再后仰坐起，重复5～6次。

⑨背靠门或墙而立，将齐肩宽橡皮带安装于墙上。先用右手拉住橡皮带的一端，身体左转，再换手做，方向相反，动作相同。

⑩仰卧，两手平伸向前，尽量抬起双腿缓慢下落，做4～6次。

这套健美操对腰肌锻炼非常有益。

坚实、平坦而稍显纤细的腰腹，是每个女性所向往的，特别是中年之后的女性更是如此。表现女性曲线美的腰部，不仅使女性的形体显得优美，而且行动起来更显女性的灵活与魅力。女性腰部锻炼与护理的要点是精细适中，柔韧灵活，以健康为本。

5.健美臀部，让你气质更迷人

亚洲女性因为体型差异，臀部原本就以平扁为多数，不像西方女性那样几乎人人拥有圆滚挺翘的外形。然而，善于运动，也完全可以创造出诱人的美臀。

女性保持臀部线条的优美还可以防止或减缓身体衰老。保持肌肉的弹性，注意锻炼臀部和大腿的肌肉，增强肌肉力量。以下是几项锻炼臀部有效的方法。

（1）跪姿提臀

身体往前做匍匐状，呈跪姿，前臂与上臂呈90°直角。注意保持背部水平、缩小腹，挺直腰部，单脚往上提，大小腿维持直角，感觉臀部与大腿的肌肉夹紧之后，脚掌继而往上提5厘米再放下，往上提再放下。持续10~15次后，休息，换脚进行。重复3~4组双脚轮换。膝关节有毛病者千万不要做此套动作。

（2）躺式缩臀

平躺，用上背支撑身体，两手平放两旁保持平衡。先缩小腹，两片臀部用力往内夹紧、往上推高，推10~15次后休息，然后重复3~4组动作，可强化臀大肌，对于提臀有良好的效果。

（3）蹲式紧臀

双脚打开与肩同宽，双腿微屈，注意膝不能超过脚尖，否则膝部韧带容易拉伤，用脚部力量往下往后蹲，至身体与大腿呈45°，停住，再起身，多做几次。注意不要用腰部的力量往下压，不要凸出肚子。

（4）踢腿提臀

双脚打开与肩同宽，膝关节微屈，膝盖不要超过脚尖。接着先抬起一脚向后预备做后踢动作，记住站立的另一条腿保持微弯，缩小腹，脚跟提起后踢约10厘米，重复10～15次后换脚，做3～4组双脚轮回。

第十章

运动健身，
带给你持久的健康和美丽

　　女人因为运动所以更美丽。运动是生命存在的
形式，是人类保持健康生活必要的手段。适度的运
动，可以使生活和工作充满朝气，使生命充满活力和
乐趣，提高睡眠质量，保证充足的休息，提高工作效
率；还可以提高人体的适应和代偿机能，增加对疾病
的抵抗力。

1. 运动起来的女人最美

　　"女人不运动就过时。"这是现代都市女性的一句时尚宣言，而运动的目的也不再是"减肥"一词就能概括的。紧张的生活节奏、匆忙的都市生活，预示着她们每当旭日东升之时，要有洒脱的个性、自信的微笑、敏锐的能力迎接每一天。于是，越来越多的女人加入运动行列。

　　运动起来的女人最美。美丽与漂亮是有区别的，一个女人是否美丽，也许不能全看脸蛋长得美与丑。真正的美丽，是一种光彩，是自然而然的流露，是一种扑面而来的感觉。运动的女人时时散发着美的气息。

　　运动起来的女人最快乐。职业女性成天裹在死板的职业装里，拿开会、加班、应酬当一日三餐，睡眠时间少到几乎在透支生命，飞快的生活节奏、巨大的工作压力，以及激烈的社会竞争，都快把白领丽人变成一只只不停旋转的陀螺了。都说有事业的女人真幸福，谁知有事业的女人多辛苦，但忙归忙，可不能就此亏待自己，不妨忙中偷闲用运动宠爱一下自己。穿着紧身的衣服在宽大的房间里使劲地蹦来蹦去，看着镜子里的自己一副青春的模样，也就暂时不去计较办公室里的烦心事了。因为流汗的时候感觉很酣畅，好像一周的压力和辛苦也一起从身体里冲出来了。再细心地注视着身上的线条，这份开心，就更不用细说了。

　　运动的女人最时尚。现代女人的口味尖刻而挑剔，她们需要激情和新鲜感，就像游戏需不停升级换代一样。当她们厌倦在跑步机上单调慢跑和"一、二、一、二"的健美操口令声时，她们的健身方式也需要不断升级。三年前，时髦的女孩都去跳踏板操了；两年前，她们在健身房玩舍宾；而今，她们又爱上了新的运动：动感单车、瑜伽、身体充电……也许它们仅仅是变换形式的健身操，但由此带来的新奇和趣味，以及进入其中的身心愉悦，却让喜新厌旧的女人们乐此不疲。

运动起来的女人体形棒。看一个人生活质量的高低，就先看看他（她）的肚子。因为如果他（她）有一副匀称的体形，就说明此人必定有高质量的生活水平和良好的生活习惯。据说，时尚形体重塑最早出现在日本，20世纪七八十年代日本经济高速发展，高质量、快节奏的生活使很多日本中产阶级患上了由于营养过剩和缺乏运动而引起的一系列诸如肥胖、高血压、神经衰弱等现代病。同时，由于社会竞争激烈，更多的年轻人意识到良好的形体和干练的气质，能使自己给对方留下一个很好的第一印象，从而获得更多机会。于是很多都市忙碌一族开始关注自己的形体。

运动，已经成为现代都市女子的自觉追求。体育锻炼作为现代女性的爱好，完全符合其本身的需要。俗话说，爱美是人的天性，更是女子的天性。哪个女子不想拥有匀称健美的形体、旺盛健康的生理机能、端庄而又充满活力的外表和富有生气的精神面貌？谁不向往具有灵活适应各种工作和生活环境的能力？

体育锻炼能使你的这些愿望得以实现。坚持体育锻炼，能够提高女性的免疫能力，能够减肥、降低血压和胆固醇的含量。

坚持体育锻炼，能使女性的呼吸、循环等系统的功能得以加强，其结果会使女性的肌肤细腻，容颜滋润。

坚持体育锻炼，能延缓女性的衰老进程。尤其是女性到了中年，由于体内激素的变化，人体逐渐发胖，通过运动可以避免这种变化倾向。

总而言之，体育锻炼给女性带来的这些功效，是世界上一切药物所不能代替的，实践证明这是十分正确的。生命在于运动，运动在于你的把握。如果你想延年益寿，永葆青春，就应该坚持积极的体育锻炼。

开展健美锻炼的目的本来是使身体强健、体形优美，但是有些人锻炼时不注意要领，造成了伤身体、损体形的后果，令人遗憾和惋惜。

（1）目的明确，方法得当。有些人参加健美锻炼是想使自己的肌肉健壮发达，就像健美比赛中那些表演者那样，全身有一块块丰满坚韧的肌肉块；有些人因为自己身体过于肥胖，想通过健美锻炼减肥；有些人因为两腿过粗过细，想通过健美锻炼使双腿健美；有些人因为胸部扁平，想通过健美锻炼使胸部丰满；等等。目的不同，选择的锻炼方法也要不同，应该根据自己的目的去选择适当的方法。

（2）循序渐进，负荷得当。无论哪种项目，都应该逐步适应，循序渐进，不能急于求成。一般应该注意由低到高、由轻到重、由短到长逐步进行训练。动作应由低难度做起，熟练后再进到高难度。重量练习应先由轻量级练习起，适应后再逐渐加重到重量级。要注意，超负荷的锻炼，会损害身体。

（3）全身配合，全面训练。人体健美要求体型匀称，因此，进行健美锻炼时身体各部分都要同时配合，全面训练。比如，不能只锻炼胸肌，而不管背部和两腿，否则就会造成身体的部分肌肉过分发达，而使体型不匀称。当然，个别人为了矫正缺陷而加强练习某一缺陷部位的情况例外。

（4）姿势正确，动作优美。健美的人体不但要求身体静止时可以给人美感，还要求身体在活动时也能给人以美感。因此，在进行健美锻炼时要注意做到姿势正确、动作优美。如果只追求把身体练得肌肉发达、胸部宽阔、双腿修长，而不注意练习时的姿势和动作，用力时不善于控制表情，不懂得正确呼吸，甚至呲牙咧嘴，乱吼乱叫，就会给人留下形象不雅的印象。

（5）形式创新，不要盲从。每个人的年龄、体质和锻炼水平是有差异的，同一练习内容和同一种练习方法不可能适合所有的人，何况，每个人的练习目的也不相同。有些人是为了健美体型，有些人则是为了防病治病，而有些人仅是为了休闲娱乐。因此，各人应针对性地选择适合自己的练习内容与方法。例如，体质较强的女性可利用空余时间参与打网球、练健美操、跳体育舞蹈等娱乐性较强的项目；而体质较差的女性可利用晨练的机会练气功、打太极拳、跳有氧舞蹈、慢跑、散步等。在练习的强度及运动量方面，应按照自身的体质与锻炼水平，做到合理控制，度量适宜，一般以每分钟脉搏控制在140次左右为宜。

参加体育锻炼并不是机械操作或人为模仿，否则，锻炼到一定的程度就会兴趣减退，效果也随之下降。例如，一些女性经过一段时期的健美操锻炼，体质、美感等方面均收效明显；而以后的进展就不会像初学时那么明显，如继续参加创意性不强的练习，锻炼的自觉性与积极性就会下降，效果也会逐步消退。而当你进入创编与竞赛的领域，那感觉就完全不同，那时，你会激发出新的热情，练习兴趣高涨，效果自然提高。

2. 休闲的散步，健康的身体

散步为古今养生家和酷爱养生者所重视，所以有"百练不如一走"的赞誉。

散步确是一种简而易行、行之有效的健身法，关键是在于持之以恒，常练不懈。散步有四种形式：①缓慢散步，每分钟60～90步，每次20～40分钟；②快速散步，每分钟90～120步，每次30～60分钟；③反臂背向散步，两手臂放于肾（俞）穴处，缓步背向行走（倒退走）50步，再向前走100步，反复5～10次；④摆臂散步，行走时两臂自然摆动，每分钟60～90步。这四种形式，锻炼者可根据本人的体质情况而定。一般讲凡体胖者或有冠心病或中风后遗症、行走不利者，以快速式为宜，但速度宜逐步递增，不可勉强。一般做健身锻炼，以两臂自然摆动式较好。散步时，要有轻松悠闲感。

散步为何有此良好的健身效果呢？中医理论认为，两足为十二经脉中足三阳、足三阴经脉的起点和终点。经脉是气血循行的通路，所以有强壮筋骨、疏通脉络的功用。现代医学亦认为足掌是人体第二心脏。散步是锻炼下肢关节和足掌的有效措施。足掌的功用衰退与否，是人体衰老与否的标志之一，所以有句谚语："人老足先老，足不老人未老。"

散步可以使人的身心充分地享受到来自大自然的快乐。借助散步，可以把自己的欢乐与自然水乳交融。散步，也可以与科学的生活方式、艺术化的生活方式画上等号。

首先，散步可以使大脑皮层的兴奋、抑制和调节过程得到改善，从而起到消除疲劳、放松、镇静、清醒头脑的作用，所以很多人都喜欢用散步来调节精神。

其次，散步时由于腹部肌肉收缩，呼吸略有加深，膈肌上下运动加强，加上腹壁肌肉运动对胃肠的"按摩作用"，消化系统的血液循环会加强，胃肠蠕动增加，消化能力提高。

最后，散步时肺的通气量比平时增加了一倍以上，从而有利于呼吸系统功能的改善。并且散步作为一种全身性的运动，可将全身大部分肌肉骨骼动员起来，从而使人体的代谢活动增强、肌肉发达、血流通畅，进而减少患动脉硬化的可能性。

散步是一种有益的锻炼方式，它可以降低过高的血压、燃烧过多的热量、释放压力、锻炼肌肉。散步的时候，我们可快、可慢；可雅致地走，也可世俗地走；可在微风中走，也可在细雨中慢行；可雾中穿梭，也可在飘雪的日子享受一份浪漫……种种姿态与心境达到一种极致的和谐，有利于身心健康！

如果你已经决定把散步列入自己的健身方案，那么这里还有关于散步的注意事项供你参考：

（1）散步的要领

散步前，全身应自然放松，调匀呼吸，然后再从容散步。若身体拘束紧张，动作必僵滞而不协调，影响肌肉和关节的活动，达不到锻炼的目的。所以，在散步时，步履宜轻松，状如闲庭信步，周身气血方可调达平和、百脉流通。散步时宜从容和缓，不要匆忙，百事不思。这样，悠闲的情绪、愉快的心情，不仅能提高散步的兴趣，也是散步养生的一个重要方面。

散步须注意循序渐进，量力而为，做到形劳而不倦，否则过劳耗气伤形，达不到散步的目的。

（2）散步的速度

快步：每分钟约行120步。既能兴奋大脑，振奋精神，又能使下肢矫健有力。要注意的是快步并不等于疾走，只是比缓步的步速稍快点。

缓步：每分钟约行70步。可使人稳定情绪，消除疲劳，亦有健脾胃、助消化的作用。这种方式的散步对于年老体弱者尤为适用。

逍遥步：是一种走走停停、快慢相间的散步，因其自由随便，故称之为逍遥步。对于病后康复者非常有益。

（3）散步的时间

食后散步：《老老恒言》里说："饭后食物停胃，必缓行数百步，散其气以输于脾，则磨胃而易腐化。"说明饭后散步能健脾消食，延年益寿。

清晨散步：早晨起床后，或在庭院之中，或在林荫大道等空气清新、四周宁静之地散步。但要注意气候变化，适当增减衣服。

春季散步：春季的清晨进行散步是适应时令的最好养生法，因为春天是万物争荣的季节，人亦应随春生之势而动。

（4）散步后的保养

白领女性可能因为工作原因，不得不终日与高跟鞋为伍，但要注意鞋底一定不可以太硬，鞋不能挤脚。散步后回到家，最好脱鞋彻底放松。洗澡时注意用热水泡泡脚，可以缓解足部疲劳。

3. 跑步是最好的健身方式

虽然现在越来越多的女性开始懂得运动的重要性了，但坚持运动，让运动成为每一天生活中的必要环节，成为一种习惯性的生活方式，这对于大多数的中国女性来说还是缺乏的。

据一位朋友介绍，在法国女性的眼中，跑步跟睡觉、吃饭一样是生活中必不可少的重要部分。其中，大部分社会层次较高的高级管理人才、自由职业者……她们每周至少长跑3次，平均跑24千米。她们认为，跑步是一种生活，是最好的健身运动方式，既可以保持身材匀称，使全身肌肉结实有力，又可以舒缓紧张工作所带来的压力，尽快恢复体力，而且这是一项没有年龄限制的运动。

在世界上，跑步作为最有效、最简单的健身项目是很受推崇的。但是，对于一些爱美的女性，对此心中还是存有一些疑虑，就是跑步会不会使小腿变粗？跑步到底会使自己变胖，还是变瘦？其实，这样的疑虑并不是没有道理，因为运动一定会与肌肉有关。但判断运动是否会使自己的体型变得更糟还是更好，关键在于是无氧运动还是有氧运动。高强度剧烈的无氧运动就有可能让小腿长肌肉，造成腿变粗的后果，而有氧运动消耗的是体内的糖、脂肪、氨基酸，所以只会减去多余的脂肪。为什么有的女性经常参加锻炼而体型不受影响？关键就在于她们采取了正确的跑步方法。

怎样判断自己的运动是否属于有氧运动呢？我们可以计算

一下自己运动时的心率，心率在（220-年龄×85%）和（220-年龄×65%）之间时，就属于有氧运动；心率超过（220-年龄×65%）属于无氧运动。所以，消耗脂肪的关键之一就是，速度不能太快，尽量把心率控制在有氧运动的心率范围内。但也不能太慢，否则起不到锻炼的作用。一般有氧练习的时间至少需要30分钟，最多可进行1~2小时。

为了既能保证运动的效果，又要使身体不会变形，我们可以采用以下跑步方式：

（1）头和肩

跑步动作要领：保持头与肩的稳定。头要正对前方，除非道路不平，不要前探，两眼注视前方。肩部适当放松，避免含胸。

动力伸拉：耸肩。肩放松下垂，然后尽可能上耸，停留一下，还原后重复。

（2）臂与手

跑步动作要领：摆臂应是以肩为轴的前后动作，左右动作幅度不超过身体正中线。手指、腕与臂应是放松的，肘关节角度约为90°。

动力伸拉：抬肘摆臂。两臂一前一后成预备起跑姿势，后摆臂肘关节尽量抬高，然后放松前摆，随着动作加快时越抬越高。

（3）躯干与髋

跑步动作要领：从颈到腹保持直立，而非前倾（除非加速或上坡）或后仰，这样有利于呼吸、保持平衡和步幅。躯干不要左右摇晃或上下起伏太大。腿前摆时积极送髋，跑步时要注意髋部的转动和放松。

动力伸拉：弓步压腿。两腿前后开立，与肩同宽，身体中心缓慢下压至肌肉紧张，然后放松还原。躯干始终保持直立。

（4）腰

跑步动作要领：腰部保持自然直立，不宜过于挺直。肌肉稍微紧张，维持躯干姿势，同时注意缓冲脚着地的冲击。

动力伸拉：体前屈伸。自然站立，两脚开立，与肩同宽。躯干缓慢前屈至两手下垂至脚尖，保持一会儿，然后复原。

（5）大腿与膝

跑步动作要领：大腿和膝用力前摆，而不是上抬。腿的任何侧向动作都是多余的，而且容易引起膝关节受伤，因此大腿的前摆要正。

动力拉伸：前弓身。两脚站距同髋宽，双手放在头后，从髋关节屈体向前，保持腰背挺直，直到股二头肌感到紧张。

（6）小腿与跟腱

跑步动作要领：脚应落在身体前约一尺的位置，靠近正中线。小腿不宜跨得太远，避免跟腱因受力过大而劳损。同时，要注意小腿肌肉和跟腱在着地时的缓冲，落地时小腿应积极向后扒地，使身体积极向前。另外，小腿前摆方向要正，脚应该尽量朝前，不要外翻或后翻，否则膝关节和踝关节容易受伤。可以在沙滩上跑步时检查脚印以作参考。

动力伸拉：撑壁提踵。面向墙壁1米左右站立，两臂前伸与肩同宽，手撑壁。提踵，再放下，感觉小腿和跟腱紧张。

（7）脚跟与脚趾

跑步动作要领：如果步幅过大，小腿前伸过远，会以脚跟着地，产生制动刹车反作用力，对骨和关节损伤很大。正确的落地时用脚的中部着地，并让冲击力迅速分散到全脚掌。

动力伸拉：坐式伸踝。跪在地上，臀部靠近脚跟，上体保持直立，慢慢向下给踝关节压力，直到趾伸肌与脚前掌感到足够拉力，然后抬臀后重复，动作要缓慢有节奏。

4. 游泳，健身又美体

炎炎夏季，选择游泳既能避暑又能健美，不失为一种智慧。游泳是一种周期性的运动。划水和打水都是紧张和放松相交替的，长时间的锻炼会使肌肉变得柔软而富有弹性，还可以把胖人游瘦，把瘦人游胖，爱游泳的人都会有一个流畅的线条。

游泳是一种全身性运动，不但可以提高你的心肺功能，还能锻炼人体几乎所有的肌肉。人在水中活动的阻力比在陆地上大12倍，两臂划水同时两腿打水或蹬水，全身肌肉群都参加了活动，可促使全身的肌肉得到良好的锻炼。

游泳时，由于水的密度和传热性比空气大，所以消耗的能量比陆地上多。游泳时人的新陈代谢速度很快，30分钟就可以消耗1100千焦的热量，而且这样的代谢速度在你离开水以后还能保持一段时间，所以游泳是非常理想的减肥方法。对于比较瘦弱者，游泳反而能够让体重增加，这是由于游泳对肌肉锻炼的作用，使肌肉的体积和重量增加的结果。

日光与空气也是在游泳时让人健美的主要因素。适当的阳光，可以活动皮肤中的胆固醇，促使其变成维生素D，充分的维生素D可促进骨骼的正常生长发育，防止软骨病。此外，日光还可增加人对疾病的抵抗力，使血液杀菌力强，增加新陈代谢，促进睡眠。新鲜的空气会使人的精神振奋，体力充沛。同时，在水中人的骨骼得到了充分的放松，能有效减轻长时间站、坐对椎间盘造成的压迫和损耗，使人有机会"伸一下懒腰"，这对于保持挺拔的身体都很有好处。

但要想获得良好的锻炼效果，还需要有计划地进行锻炼。初练者可以先连续游3分钟，然后休息1～2分钟，再游2次，每次也是3分钟。如果不费很大力气便能完成，就可以进入第二阶段：不间断地均速地游10分钟，中间休息3分钟，一共进行3组。如果仍然感到很轻松，就可以开始每次游20分钟，直到增加到每次游30分钟为止。如果你感觉强度增加的速度太快，就可以按照你能够接受的进度进行。另外，游泳消耗的体力比较大，最好隔一天一次，给身体有一个恢复的时间。

那么游泳有哪些好处呢？

（1）增强心肌功能

人在水中运动时，各器官都参与其中，耗能多，血液循环也随之加快，以供给运动器官更多的营养物质。血液循环速度的加快，会增加心脏的负荷，使其跳动频率加快，收缩强而有力。经常游泳的人，心脏功能极好。一般人的心率为70~80次／分，每搏输出量为60～80毫升。而经常游泳的人心率可达50~55次／分，很多优秀的游泳运动员，心率可达38~46次／分，每搏输出量高达90～120毫升。游泳时水的作用使肢体血液易于回流心脏，使心率加快。长期游泳会有明显的心脏运动性增大，收缩有力，血管壁厚度增加、弹性加大，每搏输出血量增加。所以，游泳可以锻炼出一颗强而有力的心脏。

（2）增强抵抗力

游泳池的水温常为26℃～28℃，在水中浸泡散热快，耗能大。为尽快补充身体散发的热量，以供冷热平衡的需要，神经系统便快速做出反应，使人体新陈代谢加快，增强人体对外界的适应能力，抵御寒冷。经常参加冬泳的人，由于体温调节功能改善，就不容易伤风感冒，还能提高人体内分泌功能，使脑垂体功能增加，从而提高对疾病的抵抗力和免疫力。

（3）减肥

游泳时身体直接浸泡在水中，水不仅阻力大，而且导热性能也非常好，散热速度快，因而消耗热量多。就好比一个刚煮熟的鸡蛋，在空气中的冷却速度，远远不如在冷水中快，实验证明，人在标准游泳池中运动20分钟所消耗的热量，相当于同样速度在陆地上的1小时，在14℃的水中停留1分钟所消耗的热量高达100千焦，相当于在同温度空气中1小时所散发的热量。由此可见，在水中运动，会使许多想减肥的人，取得事半功倍的效果，所以，游泳是保持身材最有效的运动之一。

（4）健美

人在游泳时，通常会利用水的浮力俯卧或仰卧于水中，全身松弛而舒展，使身体得到全面、匀称、协调的发展，使肌肉线条流畅。在水中运动由于减少了地面运动时地对骨骼的冲击性，降低了骨骼的老损概率，使骨关节不易变形。水的阻力可增加人的运动强度，但这种强度，又有别于陆地上的器械训练，是很柔和的，训练的强度又很容易控制在有氧域之内，不会长出很生硬的肌肉块，可以使全身的线条流畅、优美。

（5）加强肺部功能

呼吸主要靠肺，肺功能的强弱由呼吸肌功能的强弱来决定，运动是改善和提高肺活量的有效手段之一。据测定：游泳时人的胸部要受到12～15千克的压力，加上冷水刺激肌肉紧缩，呼吸感到困难，迫使人用力呼吸，加大呼吸深度，这样吸入的氧气量才能满足机体的需求。一般人的肺活量大概为3200毫升，呼吸差

（最大吸气与最大呼气时胸围扩大与缩小之差）仅为4～8厘米，剧烈运动时的最大吸氧量为2.5～3升／分，比安静时大10倍；而游泳运动员的肺活量可高达4000～7000毫升，呼吸差达到12～15厘米，剧烈运动时的最大吸氧量为4.5～7.5升／分，比安静时增大20倍。游泳促使人呼吸肌发达，胸围增大，肺活量增加，而且吸气时肺泡开放更多，换气顺畅，对健康极为有利。

值得强调的是，女性游泳必须注意三点：

（1）忌饭前饭后游泳

空腹游泳影响食欲和消化功能，也会在游泳中发生头昏乏力等意外情况；饱腹游泳亦会影响消化功能，还会产生胃痉挛，甚至呕吐、腹痛现象。

（2）忌剧烈运动后游泳

剧烈运动后马上游泳，会使心脏负担加重；体温的急剧下降，会导致抵抗力减弱，引起感冒、咽喉炎等。

（3）忌月经期游泳

月经期间女性生殖系统抵抗力弱，游泳易使病菌进入子宫、输卵管等处，引起感染。

5. 呼吸，时尚健身的新概念

呼吸——一件看似平常的事情，但其中蕴含着重要的养生之道。在呼吸中，你会感到无比的放松，也是在自由放松的境界里你找到了一种生命的节奏，恢复精气神。

美国健康学家的一项最新调查显示：不论在发达国家，还是在发展中国家，城市人口中至少有一半以上的人呼吸方式不正确。很多人的呼吸太短促，往往在吸入的新鲜空气尚未深入肺叶下端时，便匆匆地呼气了，这样等于没有吸收到新鲜空气中的有益成分！

千万不要觉得这种说法可笑，它可是有科学依据的。

我们常见的呼吸主要有两种方式——胸式呼吸和腹式呼吸。根据科学家们研究发现：人的肺平均有两个足球那么大，在采用腹式呼吸时，吸入空气的量可达到1000～1500毫升，每次约需10～15秒；而采用胸式呼吸却只能使用其中的1／3的能力，吸入空气的量也只有500毫升，平均每次只需要5秒钟，因此有的人常常会感到呼吸急促。特别是女性，大都采用胸式呼吸，只是肋骨上下运动及胸部微微扩张，所以许多肺底部的肺泡没有经过彻底的扩张与收缩，得不到很好的锻炼。这样氧气就不能充分地被输送到身体的各个部位，时间长了，我们身体的各个器官就会有不同程度的缺氧状况，很多慢性疾病就会因此而生。

还有，就是常坐办公室的人，因为坐姿的局促和固定，通常只采用胸式呼吸法。而这样的呼吸，每次的换气量非常小，会造成我们在正常的呼吸频率下，依然通气不足，体内的二氧化碳累积；加上长时间用脑工作，机体的耗氧量很大，进而造成脑部缺氧。于是，白领们经常会出现头晕、乏力、嗜睡等办公室综合征。

不仅对于女性，而且对于所有的人来讲，有益健康的呼吸方式应该是腹式呼吸法，这种方式吸气时气体要进入腹部，让腹部充分隆起，加大氧气在体内的存留量，还要增加气体的存留时间，呼气时应收紧腹部，缓慢呼出，使得体内的废物充分排出。

这种方式的要点是，尽可能加大气流量，尽可能减慢呼吸频率，学会这种呼吸方式，不仅会调整身体整体的循环系统，还有利于按摩内脏，刺激各生理腺体的良性分泌，刺激肠胃蠕动，增进消化功能。

对于女性来讲，腹式呼吸还可以促使小腹肌肉紧实和富有弹性，达到纤体和体态均匀的功效。

但是，学会使用腹式呼吸，不是一蹴而就的事情，所以要慢慢练习，使之成为一种习惯。在最初练习时，我们可以采用坐姿的方式，这种姿势容易体会腹部气体收缩和隆起的感觉。呼吸务必是通过鼻子而不是嘴进行。练习时，先慢慢地由鼻子吸气，使腹部充满空气。然后再继续吸气，使肺的上部也充满空气，胸腔扩大，这个过程为5秒钟。最后屏住呼吸5秒钟，经过一段时间的练习，可以将屏气时间增加为10秒，甚至更长。肺部吸足氧气后，再慢慢吐气，持续为5秒，肋骨和胸腔渐渐回到原位。停顿1~2秒钟后，再从头开始，反复10分钟。这种练习经过一段时间后，就能形成习惯性的呼吸方法。

对于健康，几乎没有哪一种方法比调整好呼吸对生命来得更有意义，这如同生命之初第一口呼吸启动了生命。只有好的呼吸方式才能让身体得到良好的运转，在这里，为了更好地让大家学到一些良好的呼吸方法，下面推荐几种特殊的健康呼吸法：

（1）胸腹联合式呼吸法

该方法能有效帮助你控制气息强弱，想要像播音员、主持人那样声如洪钟、长说不累，不妨尝试一下。

播音对气息的要求是：稳健、节省、持久、自如、协调。人们日常的呼吸比较平稳，比较浅。播音的气息变化很多，日常呼吸是远远不能满足播音的需要。所以，他们通常都采用胸腹联合式呼吸法。这种呼吸方法，平时在家里的时候你可以经常练习，时间长了，自然就可以掌握。

掌握要领：

①吸气要吸到肺底。

②随着气流从口鼻同时吸入，可感觉腰带渐紧，小腹控制渐强。

③呼气时，保持住腹肌的收缩感，以牵制膈肌与两肋使其不能回弹。随着气流的缓缓呼出，小腹逐渐放松，但最后仍然要有控制的感觉。

（2）瑜伽呼吸法

瑜伽一向推崇修身养性，在瑜伽中，呼吸即是生命能量的展现。在古印度，瑜伽师深信，人的呼吸次数是生而注定的，呼吸的次数决定了你寿命的长短。因此，当你把呼吸的速度放慢时，你的寿命就会增长。

掌握要领：

①有意识地延长吸气、屏气、呼气的时间。吸气是接受宇宙能量的动作，屏气是使宇宙能量活化，呼气是去除一切思考和情感，同时排除体内废气、浊气，使身心得到安定。

②瑜伽特别强调深长的呼吸，它可以使头脑灵活，精力充沛。普通人每分钟呼吸15～16次，而瑜伽练习者通过调整气息，可以使呼吸自然延长到5~6次。这种"品尝空气"的方法能使肺部获取到充足的宇宙能量，促进血液循环。

③瑜伽采用的呼吸法属于腹式呼吸，这种呼吸法，能使人的横膈膜向下运动，进而有效锻炼心肺功能。

（3）吐纳练息法

气功是中国古老文明的传承之一，讲究精、气、神三者合一。不论什么功法，大都要求呼吸做到：悠、匀、细、长、缓。

呼吸气的锻炼，必须由浅入深，由快至慢，逐渐练习，不能要求在短时间内即形成完整的深长呼吸。

掌握要领：

吸气时气贯注于腹部；呼气时气上引至头顶，这样可以吸取生气，排出死气和病气，同时提高人体潜能，进入功能状态。

（4）精油辅助呼吸法

由于精油的芳香分子带负电，有些带正电，当精油的分子进入鼻腔后，由呼吸道进入肺，再由肺泡氧气输送的方式，从血管运送到全身，这些带电位的物质会产生能量，与身体产生不同的作用。此外，精油还能有效地协助细胞排除因新陈代谢而产生的二氧化碳、毒素及废物，具有体内环保的效果。

掌握要领：

①人体吸入精油后，精油只需8～10分钟的时间就会渗透到皮肤，而需要经过20～70分钟后才能完全被人体吸收。所以使用精油帮助呼吸后，最好能够平躺放松。

②将茶树精油2滴+桉树精油3滴+天竺葵精油1滴，滴于香熏炉作蒸熏，可帮助治疗咳嗽和呼吸系统疾病。

6. 身体力行，游走万水千山

旅游可以是简单的行走，以一种淡然的方式，换一种空气，找一方净土，重新审视自己……

有人说旅游是一种享受，有人说旅游是一种经历，有人说旅游是一次心灵的净化，也有人说旅游就是旅游，简简单单！可见，同样是旅游，不同的人却有着不同的注解。

旅游是一个很亲切的字眼，许多人有过旅游的经历，或近郊，或长线；或与家人，或与朋友前往。旅游已成为现代人们生活中不可缺少的一部分，俨然已成了一种热爱生活、展现活力的方式。如果说前几年旅游从观光型向休闲度假型转变仅仅是一种口号的话，今天的这种趋势已是滔滔江水，不可阻挡。

人活着就是要追求一种心灵上的体验和经历，读游记、看电视都不能满足你对某个地方的兴趣和渴望，一定会想亲身感受，哪怕你在这个过程中就在想，这里多么像我看的某篇文章中的描写段落啊！但所得到的体会却是自己最宝贵的财富，也是独一无二的。相反，如果没有带着心去旅游，恐怕那就是一种浪费了……

旅游是一种时尚也好，是一种追求也罢，它只是放下自己，放松自己，让自己投入到大自然中，去感受大自然而已。况且，人在旅途中不仅能尝到乐趣，也能饱览名山大川，了解各个地方的人文地理、风土人情，以此开阔眼界、增加知识，这才是旅游的真谛。

（1）外出旅游很逍遥

培根曾经说过："旅行，对年少者来说，是一种教育；对年长者来说，是一种经验。"通过旅行，人们可以了解外面精彩的世界，将刻骨铭心的旅程留在记忆中。对年轻人来说，他们的内心深处都有一个梦，那就是在有生之年跨出国门，经历一次彰显个性的旅行。

的确，人类生来有双脚，就注定要大步走在路上，人自有生命，就会超越时空站在埃菲尔铁塔下抑或目睹古罗马的城堡。在这个信息主宰一切的时代里，什么都可能发生，没准在某个不经意的时刻，你会接到好朋友的电话："喂，我现在站在南美洲的巴西高原上……"听起来这是多么的诱人啊！

有人说："人生即为旅行，走过的路会变成记忆。"在这个记忆的长河中，你有可能忘记曾到过那里，但行走过程本身便是你的目的。因此，一切你所经历的都将成为财富，成为一种追求自由、寻找自我的过程。

（2）背包旅游也不错

背包族大多不参加旅行团，而是喜爱个人外出，从中享受新鲜刺激、无拘无束的乐趣，背包旅游已成为白领阶层生活新时尚。对于背包族而言，一次完美的旅程，和住宿地方的选择有很大的关系。他们通常不会选择那些大同小异的酒店，而倾向于那些有人情味、有风格特色的小客栈，如江南风味的枕水楼阁、丽江大理的庭院式民居，又如凤凰的吊脚楼、黄土高原的窑洞古院……在那些地方住下来，和当地人交流，你才会体验到当地闲适的生活，才会真正了解这个地方的风土人情。

（3）自助游要带好相关药品

自助旅游时一般常会出现晕车、上火等病症，也容易被蚊虫侵袭或者意外受伤，随身携带一些药品可有备无患。专家说，晕动片、清凉油、创可贴、眼药水、活络油都是常见的必备药品。如果乘车、船、飞机时出现眩晕、呕吐，可以服晕动片，或者将消炎镇痛膏贴于肚脐眼。旅途防蚊咬，可随身携带清凉油或百花油等。有心脏病、高血压病史的市民最好带上救心丹和降压药。

（4）浪漫的邂逅与艳遇

旅途中最容易发生一见钟情的浪漫。在青山绿水间遇见一位异性朋友，在平淡的生活中荡起情感的涟漪，手拉手一起登山涉水，肩并肩看潮起日落，真是人生的一大快乐。

一次，朋友小雅外出游玩云南，在去云南的火车上，结识了高大帅气的男孩海，海很健谈。一路上他殷勤地照顾着小雅，看得出来他很喜欢小雅，小雅也很喜欢他。渐渐地两人之间的交谈有了些许的暧昧。火车进站，彼此感觉是那样的依依不舍，于是便相约一起游玩。

由此可见，旅游是一种不错的选择。

旅游就是一种心境，在寂寞与疲倦时旅行，去看看清风明月，行云流水会让你忘记忧虑与难耐；在愉悦和幸福时远行，即使骑着自行车浪迹天涯，也是一种心灵的洗礼。见识不同的风土人情，在旅途中享受愉悦，获得心灵的喜乐。所以，你不必过分地在乎旅游的结果，不必眼红别人的奢华，不必羡慕别人淘宝的潇洒，不必惊讶于别人隐居的淡泊，也不必佩服别人的"副业"成就。

一位智者曾经说过，再美的风景，经人们摩肩接踵地一挤，便也显得趣味索然了。所以一些人把旅游当成了目的，而忽略了旅游的过程，当然也就无法品味过程中的每一个细节以及细节中的每一丝惊喜了。还有一位朋友长途跋涉后回来，自我解嘲：旅游就是花一笔昂贵的费用去检验双腿的耐力。言语间难以找到兴尽而归的惬意与满足。

旅游，应该是一个寻找美、发现美、感知美、享受美的过程。无论是走马观花，还是浮光掠影，无论是专注于一朵花的静放，还是留恋一只鸟的婉鸣，旅游带给我们的快乐，是任何一个足不出户的人永远也无法感受到的。

旅游有助于人的心理健康。大自然风光对人的心理有着积极的作用，这早已被古人所认识。唐诗曰："清晨入古寺，初日照高林。曲径通幽处，禅房花木深。山光悦鸟性，潭影空人心。万

籁此俱寂，但余钟磬音。"旅游能陶冶人的性情，提高人的心理
健康水平。从某种意义上来说，旅游是一种缓和心理紧张、增强
心理健康的有效方法。有的国家把自然风光优美的地区建成"森
林疗法"园地，使生活在城市里的人来此游玩。观赏自然风光，
呼吸清新空气，使人心旷神怡，促进身心健康。

旅游的人们漫步在碧波荡漾的湖畔，使人心情恬静；面对波
涛滚滚的大海，使人想到迎击风浪；登上耸入云霄的高峰，使人
想到奋发向上。在大自然美景的熏陶下，人消除了忧愁与烦恼，
情绪得到了改善，从而提高了心理健康的水平。

旅游地点的选择与提高心理健康水平也有一定关系。我国
著名古建筑专家与园林艺术家陈从周教授指出，旅游要因人、因
地、因时制宜。"年高的泛舟水中，怡然自得；年轻的攀山登
岩，历练意志；新婚夫妇静舍小憩，蜜月更甜。"不同气质类型
的人选择适当的旅游地点，对心理健康也有一定作用。陈从周教
授认为"多血质者应去名山大川，直抒胸臆；胆汁质者则游游亭
台楼榭，静静心境；抑郁质和黏液质者则以观今古奇观和起落较
大的险景胜地为上，改变抑滞"。

旅游能使人脱离造成抑郁的恶劣生活环境，获得心理学上所
谓"移情易性"的效果。在旅游中，使人忘掉那些不愉快的事，
尽情地宣泄胸中的积郁，感到身心轻松愉快。使人不由自主地开
阔胸怀，产生无限的美感。愉快的美感是心理平衡的最佳境界。